线性代数
同步训练
（第2版）

齐丽岩
主　编
冯　驰
陶丽丽
冯婷婷
副主编

清華大學出版社
北　京

内 容 简 介

本书内容主要包括行列式、矩阵及其运算、矩阵的初等变换与线性方程组、向量组的线性相关性、相似矩阵及二次型等相对应的习题训练. 本书在充分重视线性代数经典理论的基础上，注意题目形式的多样化，题型包括填空、选择、计算、证明. 每章以基础模块、综合训练、模拟考场三个递进层次呈现给读者. 最后配有模拟试卷和提高训练供读者参考和练习. 建议研、习、读按序进行，在理论和训练的交替过程中逐步达到理解其理论实质的目的.

本书既可作为普通高等学校理工类、经管类、农科类本科教学的参考资料，也可作为研究生入学考试的研习资料.

图书在版编目(CIP)数据

线性代数同步训练/齐丽岩主编. —2 版. —北京：清华大学出版社，2022.8（2024.9重印）
ISBN 978-7-302-61338-1

Ⅰ. ①线…　Ⅱ. ①齐…　Ⅲ. ①线性代数－高等学校－习题集　Ⅳ. ①O151.2-44

中国版本图书馆 CIP 数据核字(2022)第 122372 号

责任编辑：刘　颖
封面设计：傅瑞学
责任校对：赵丽敏
责任印制：曹婉颖

出版发行：清华大学出版社
网　　址：https://www.tup.com.cn，https://www.wqxuetang.com
地　　址：北京清华大学学研大厦 A 座　　**邮　　编**：100084
社 总 机：010-83470000　　**邮　　购**：010-62786544
投稿与读者服务：010-62776969，c-service@tup.tsinghua.edu.cn
质量反馈：010-62772015，zhiliang@tup.tsinghua.edu.cn
印 装 者：北京鑫海金澳胶印有限公司
经　　销：全国新华书店
开　　本：185mm×260mm　　**印　　张**：10　　**字　　数**：238 千字
版　　次：2015 年 9 月第 1 版　2022 年 8 月第 2 版　　**印　　次**：2024 年 9 月第 4 次印刷
定　　价：29.00 元

产品编号：096488-01

前言

线性代数是普通高等院校理工类和经管类相关专业的一门重要基础课，也是硕士研究生入学考试的重点科目. 从广义的角度看，线性代数研究自然科学与社会科学中的"线性问题". 矩阵和向量是重要的代数工具. 线性问题的讨论往往涉及向量和矩阵，它的特点是内容比较抽象，概念和定理较多，前后关系紧密，环环相扣，相互渗透. 这门课程对学生的逻辑推论能力、抽象思维能力的培养以及数学素养的提高具有重要的作用，对学生今后专业学习和科学素质的培养也具有非常重要的意义. 随着计算机科学的日益发展，许多非线性问题高精度地线性化与大型线性问题的可计算性正在逐步实现，线性代数的地位日趋重要.

本书涵盖了线性代数的知识要点、典型习题、考研真题以及难度稍大的综合习题，融入了编者多年讲授线性代数的经验和体会. 本书在充分重视线性代数经典理论的基础上，注意题目形式的多样化，以基础练习、综合训练、模拟考场三个递进层次呈现给读者，最后配有模拟试卷和提高训练供读者参考和练习. 建议研习者按序进行，在理论和训练的交替过程中逐步达到理解其理论实质的目的.

本书有两条主线，其一是以行列式和矩阵为工具，以线性方程组为主线，阐明了行列式与矩阵的基本理论与应用；其二是以特征值与特征向量为重点，以相似矩阵和二次型为工具，进一步揭示线性代数的理论与方法的内在联系. 本书可作为在校大学生同步学习的优秀辅导书，也可作为广大教师的教学参考书，还可以为准备考研的学生复习和众多成人学员自学提供富有成效的帮助.

本书在具体内容的编写与安排上追求如下特色. 其一是保持体系的完整性，即努力以严谨的结构布局、循序渐进的表现手法，突出线性代数的基本思想与方法. 其二是注重揭示线性代数理论内在关系的细致刻画，即尽量引导学生理解概念的内涵与背景，通过习题的多样化提升学生对线性代数思想与方法的理解能力与解决实际问题的能力. 其三是习题的内容与形式的多样性，即追求习题内容的宽泛性与形式的多样性，题型包括填空、判断、选择、计算、证明等.

本书面向普通高等学校理工类、经管类、农科类本科学生编写，适合 32～40 学时的课堂讲授，建议 32 学时的使用者略去线性空间与线性变换等内容. 带星号"*"的内容属于拓展内容、供教师选用，读者可根据题目的难度和自身需要自行选用.

本书参阅了大量公开出版的线性代数教材与习题指导，在此对前人的辛勤工作表示崇高的敬意与衷心的感谢！编者对清华大学出版社为本书的顺利出版所付出的辛勤劳动也表示衷心的感谢！

由于编者学识水平有限，书中难免有不妥之处，恳请使用本教材的教师和学生提出宝贵意见！

编 者

2022 年 5 月于大连海洋大学

目 录

第1章 行列式

1.1 基础模块

1.1.1 二阶行列式与三阶行列式

填空题

1. 二元线性方程组$\begin{cases}x+y=1\\x-y=0\end{cases}$的系数行列式为________,解为________.

2. 三阶行列式$\begin{vmatrix}a & b & c\\c & a & b\\b & c & a\end{vmatrix}=$________.

1.1.2 全排列和对换

填空题

1. 排列 124783695 的逆序数为________,奇偶性为________.

2. $1247i56k9$ 当 $i=$ ________,$k=$________时,成偶排列.

3. $n(n-1)\cdots21$ 的逆序数为________,当 $n=$ ________时,为偶排列,当 $n=$ ________时,为奇排列.

4. 若数字 1,2,3,4,5 的排列 $abdec$ 为奇排列,则排列 $decab$ 的奇偶性为________.

1.1.3 n 阶行列式的定义

填空题

1. 三阶行列式$\begin{vmatrix}1 & 3 & c\\c & 2 & 0\\1 & c & -1\end{vmatrix}=$________.

2. 在 n 阶行列式 D 中非零元素不多于 $n-1$ 个,则 $D=$________.

3. 若 $a_{12}a_{3i}a_{2k}a_{51}a_{44}$ 是 5 阶行列式中带正号的项,则 $i=$________,$k=$________.

4. (1) $\begin{vmatrix}0 & 0 & \cdots & 0 & 1\\0 & 0 & \cdots & 2 & 0\\\vdots & \vdots & \iddots & \vdots & \vdots\\0 & n-1 & \cdots & 0 & 0\\n & 0 & \cdots & 0 & 0\end{vmatrix}=$________;

(2) $\begin{vmatrix} 0 & 1 & 0 & \cdots & 0 \\ 0 & 0 & 2 & \cdots & 0 \\ \vdots & \vdots & \vdots & \ddots & \vdots \\ 0 & 0 & 0 & \cdots & n-1 \\ n & 0 & 0 & \cdots & 0 \end{vmatrix}$ = ________；(3) $\begin{vmatrix} 0 & \cdots & 0 & 1 & 0 \\ 0 & \cdots & 2 & 0 & 0 \\ \vdots & \iddots & \vdots & \vdots & \vdots \\ n-1 & \cdots & 0 & 0 & 0 \\ 0 & \cdots & 0 & 0 & n \end{vmatrix}$ = ________；

(4) $\begin{vmatrix} 0 & 0 & \cdots & 0 & 1 \\ 0 & 0 & \cdots & 1 & 0 \\ \vdots & \vdots & \iddots & \vdots & \vdots \\ 0 & 1 & \cdots & 0 & 0 \\ 1 & 0 & \cdots & 0 & 0 \end{vmatrix}$ = ________.

5. 行列式 $\begin{vmatrix} a_1 & a_2 & a_3 & a_4 & a_5 \\ b_1 & b_2 & b_3 & b_4 & b_5 \\ c_1 & c_2 & 0 & 0 & 0 \\ d_1 & d_2 & 0 & 0 & 0 \\ e_1 & e_2 & 0 & 0 & 0 \end{vmatrix}$ = ________.

6. 行列式 $\begin{vmatrix} a & 0 & 0 & b \\ c & d & 0 & 0 \\ 0 & e & f & 0 \\ 0 & 0 & g & h \end{vmatrix}$ = ________.

1.1.4 行列式的性质

一、利用行列式性质计算行列式

1. $\begin{vmatrix} 99 & 100 & 205 \\ 201 & 200 & 395 \\ 295 & 300 & 602 \end{vmatrix}$.

2. $\begin{vmatrix} 1 & 1 & 1 & 1 \\ -1 & 1 & 1 & 1 \\ -1 & -1 & 1 & 1 \\ -1 & -1 & -1 & 1 \end{vmatrix}$.

3. $\begin{vmatrix} 1 & 1 & 1 & 1 \\ 1 & 2 & 1 & 1 \\ 1 & 1 & 3 & 1 \\ 1 & 1 & 1 & 4 \end{vmatrix}$.

4. $\begin{vmatrix} 2 & 1 & 1 & 1 \\ 1 & 2 & 1 & 1 \\ 1 & 1 & 2 & 1 \\ 1 & 1 & 1 & 2 \end{vmatrix}$.

5. $\begin{vmatrix} 1 & 2 & 3 & 4 \\ 2 & 3 & 4 & 1 \\ 3 & 4 & 1 & 2 \\ 4 & 1 & 2 & 3 \end{vmatrix}$.

6. $\begin{vmatrix} a_1-b_1 & a_1-b_2 & \cdots & a_1-b_n \\ a_2-b_1 & a_2-b_2 & \cdots & a_2-b_n \\ \vdots & \vdots & & \vdots \\ a_n-b_1 & a_n-b_2 & \cdots & a_n-b_n \end{vmatrix}$.

二、用行列式的性质证明等式

1. $\begin{vmatrix} a_1+kb_1 & b_1+c_1 & c_1 \\ a_2+kb_2 & b_2+c_2 & c_2 \\ a_3+kb_3 & b_3+c_3 & c_3 \end{vmatrix} = \begin{vmatrix} a_1 & b_1 & c_1 \\ a_2 & b_2 & c_2 \\ a_3 & b_3 & c_3 \end{vmatrix}$.

2. $\begin{vmatrix} b_1+c_1 & c_1+a_1 & a_1+b_1 \\ b_2+c_2 & c_2+a_2 & a_2+b_2 \\ b_3+c_3 & c_3+a_3 & a_3+b_3 \end{vmatrix} = 2\begin{vmatrix} a_1 & b_1 & c_1 \\ a_2 & b_2 & c_2 \\ a_3 & b_3 & c_3 \end{vmatrix}$.

1.1.5 行列式按行(列)展开

一、填空题

1. 设 4 阶行列式 $D=\begin{vmatrix} a & 0 & b & 0 \\ 0 & c & 0 & d \\ e & 0 & f & 0 \\ 0 & g & 0 & h \end{vmatrix}$，$a_{ij}$ 表示行列式 D 的第 i 行、第 j 列元素，M_{ij} 为元素 a_{ij} 的余子式，A_{ij} 为元素 a_{ij} 的代数余子式，则 $M_{21}=$________，$M_{31}=$________，$A_{21}=$________，$A_{22}=$________，$A_{43}=$________.

2. $\begin{vmatrix} 8 & 27 & 64 & 125 \\ 4 & 9 & 16 & 25 \\ 2 & 3 & 4 & 5 \\ 1 & 1 & 1 & 1 \end{vmatrix}=$________.

3. 若三阶行列式 D 的第 3 列元素为 $-1,2,0$，其对应的余子式分别为 $3,1,3$，则 $D=$________.

二、计算行列式

1. $\begin{vmatrix} 5 & 1 & 2 & -1 \\ 10 & -1 & 3 & 2 \\ 0 & 1 & 0 & 0 \\ 3 & 2 & -1 & 1 \end{vmatrix}$.

2. $\begin{vmatrix} 0 & a & b & a \\ a & 0 & a & b \\ b & a & 0 & a \\ a & b & a & 0 \end{vmatrix}$.

3. $\begin{vmatrix} 1+x & 1 & 1 & 1 \\ 1 & 1-x & 1 & 1 \\ 1 & 1 & 1 & 1+y \\ 1 & 1 & 1 & 1-y \end{vmatrix}$.

4. $\begin{vmatrix} x & y & \cdots & 0 & 0 \\ 0 & x & \ddots & 0 & 0 \\ \vdots & \vdots & \ddots & \ddots & \vdots \\ 0 & 0 & \cdots & x & y \\ y & 0 & \cdots & 0 & x \end{vmatrix}$.

5. $\begin{vmatrix} x_1-m & x_2 & \cdots & x_n \\ x_1 & x_2-m & \cdots & x_n \\ \vdots & \vdots & & \vdots \\ x_1 & x_2 & \cdots & x_n-m \end{vmatrix}$.

6. $\begin{vmatrix} 1 & 2 & 2 & \cdots & 2 \\ 2 & 2 & 2 & \cdots & 2 \\ 2 & 2 & 3 & \cdots & 2 \\ \vdots & \vdots & \vdots & & \vdots \\ 2 & 2 & 2 & \cdots & n \end{vmatrix}$.

7. $\begin{vmatrix} 1 & 2 & 3 & \cdots & n-1 & n \\ 1 & -1 & 0 & \cdots & 0 & 0 \\ 0 & 2 & -2 & \cdots & 0 & 0 \\ \vdots & \vdots & \vdots & & \vdots & \vdots \\ 0 & 0 & 0 & \cdots & n-1 & 1-n \end{vmatrix}$.

三、计算题

设 4 阶行列式 $D=\begin{vmatrix} 3 & 0 & 1 & 2 \\ 3 & 3 & 3 & 3 \\ 0 & 2 & 0 & 2 \\ 0 & 1 & -1 & -2 \end{vmatrix}$，$a_{ij}$ 表示行列式 D 的第 i 行、第 j 列元素，M_{ij} 为元素 a_{ij} 的余子式，A_{ij} 为元素 a_{ij} 的代数余子式，求：

（1）$M_{11}+M_{12}+M_{13}+M_{14}$；　　（2）$A_{11}+A_{12}+A_{13}+A_{14}$.

1.2 综合训练

一、填空题

1. 行列式 $\begin{vmatrix} 1 & 0 & 0 & 0 & 1 \\ 2 & 0 & 0 & 3 & 14 \\ 3 & -1 & 2 & 4 & 8 \\ 4 & 0 & 2 & 6 & 7 \\ 5 & 0 & 0 & 0 & 0 \end{vmatrix}=$________.

2. 如果行列式 $\begin{vmatrix} 1 & 0 & a \\ 2 & -1 & 1 \\ a & a & 2 \end{vmatrix}$ 的代数余子式 $A_{12}=-3$，则代数余子式 $A_{21}=$________.

3. $\begin{vmatrix} a^2 & (a+1)^2 & (a+2)^2 & (a+3)^2 \\ b^2 & (b+1)^2 & (b+2)^2 & (b+3)^2 \\ c^2 & (c+1)^2 & (c+2)^2 & (c+3)^2 \\ d^2 & (d+1)^2 & (d+2)^2 & (d+3)^2 \end{vmatrix}=$________.

二、计算题

1. 设 $f(x)=\begin{vmatrix} x & 0 & 1 & x \\ 1 & 5 & 0 & x \\ 3 & 0 & -1 & 1 \\ 1 & 2 & 1 & x \end{vmatrix}$,求 $f(x)$的常数项以及 $f''(x)$.

2. 求下列方程的全部解

(1) $f(x)=\begin{vmatrix} 3-x & 2 & -2 \\ x & 6-x & -4 \\ -4 & -4 & 4 \end{vmatrix}=0.$

(2) $f(x)=\begin{vmatrix} 1 & 1 & 1 & 1 \\ 1 & 2 & -2 & x \\ 1 & 4 & 4 & x^2 \\ 1 & 8 & -8 & x^3 \end{vmatrix}=0.$

*三、设 n 阶行列式 $D_n=\begin{vmatrix} a+b & ab & 0 & \cdots & 0 \\ 1 & a+b & ab & \cdots & 0 \\ 0 & 1 & a+b & \cdots & 0 \\ \vdots & \vdots & \vdots & & \vdots \\ 0 & 0 & 0 & \cdots & a+b \end{vmatrix}$,其中 $a\neq b$,证明:

$D_n=\dfrac{a^{n+1}-b^{n+1}}{a-b}.$

1.3 模拟考场

（满分 100 分）

一、填空题（每题 3 分，共 6 小题，18 分）

1. 排列 54231 的逆序数是________.

2. 排列 $135\cdots(2n-1)246\cdots(2n)$ 的逆序数为________.

3. $1i25k4897$ 当 $i=$________，$k=$________时，成奇排列.

4. $\begin{vmatrix} 0 & 1 & 0 & 0 \\ 1 & 0 & 0 & 0 \\ 1 & \pi & 1 & 0 \\ \mathrm{e} & 0 & 1 & -1 \end{vmatrix}=$________.

5. 行列式 $\begin{vmatrix} a & 1 & 0 & 0 \\ -1 & b & 1 & 0 \\ 0 & -1 & c & 1 \\ 0 & 0 & -1 & d \end{vmatrix}$ 中 a 的代数余子式为________.

6. 行列式 $D=\begin{vmatrix} a_1 & 0 & 0 & b_1 \\ 0 & a_2 & b_2 & 0 \\ 0 & b_3 & a_3 & 0 \\ b_4 & 0 & 0 & a_4 \end{vmatrix}=$________.

二、选择题（每题 4 分，共 5 小题，20 分）

1. 如果 $\begin{vmatrix} a_{11} & a_{12} & a_{13} \\ a_{21} & a_{22} & a_{23} \\ a_{31} & a_{32} & a_{33} \end{vmatrix}=d$，则 $\begin{vmatrix} 3a_{11} & 3a_{12} & 3a_{13} \\ 2a_{21} & 2a_{22} & 2a_{23} \\ -a_{31} & -a_{32} & -a_{33} \end{vmatrix}=$（　　）.

A. $-6d$　　B. $6d$　　C. $4d$　　D. $-4d$

2. 下列排列中属于奇排列的是（　　）.

A. 3457162　　B. 2461375　　C. 1452367　　D. 2435761

3. 行列式 $\begin{vmatrix} 1 & -1 & 0 & 0 \\ 0 & 6 & 0 & 0 \\ 0 & 0 & 0 & 1 \\ 1 & 1 & 1 & 1 \end{vmatrix}$ 中 6 的余子式为（　　）.

A. 1　　B. -1　　C. 6　　D. -6

4. 若 $a_i \neq a_j, b_i \neq b_j, c_i \neq c_j, i,j=1,2,3$，则多项式 $\begin{vmatrix} x+a_1 & x+a_2 & x+a_3 \\ x+b_1 & x+b_2 & x+b_3 \\ x+c_1 & x+c_2 & x+c_3 \end{vmatrix}$ 的次数为（　　）.

A. 1　　B. 2　　C. 3　　D. 9

5. 设 $f(x)=\begin{vmatrix} x-2 & x-1 & x-2 & x-3 \\ 2x-2 & 2x-1 & 2x-2 & 2x-3 \\ 3x-3 & 3x-2 & 4x-5 & 3x-5 \\ 4x & 4x-3 & 5x-7 & 4x-3 \end{vmatrix}$，则方程 $f(x)=0$ 的根的个数为(　　).

A. 1　　B. 2　　C. 3　　D. 4

三、计算行列式(每小题 7 分，共 5 小题，35 分)

1. $\begin{vmatrix} 1 & 1 & 1 & 1 \\ 2 & 3 & 7 & 9 \\ 5 & -11 & 6 & 7 \\ 2 & 6 & 0 & 4 \end{vmatrix}$.

2. $\begin{vmatrix} 0 & a & b & c \\ e & 0 & 0 & f \\ 0 & 0 & g & h \\ 0 & i & j & k \end{vmatrix}$.

3. $\begin{vmatrix} 1 & -1 & -1 & -1 \\ -1 & 1 & -1 & -1 \\ -1 & -1 & 1 & -1 \\ -1 & -1 & -1 & 1 \end{vmatrix}$.

4. $\begin{vmatrix} -1 & 0 & 0 & 0 \\ 2 & 1 & 0 & 0 \\ 0 & 0 & 1 & 6 \\ -1 & 7 & 4 & 2 \end{vmatrix}$.

5. $\begin{vmatrix} a & b & b & b \\ b & a & b & b \\ b & b & a & b \\ b & b & b & a \end{vmatrix}$.

四、解方程

1. (5 分)求 $\begin{vmatrix} 1 & 1 & 1 & \cdots & 1 & 1 \\ 1 & 1-x & 1 & \cdots & 1 & 1 \\ 1 & 1 & 2-x & \cdots & 1 & 1 \\ \vdots & \vdots & \vdots & \ddots & \vdots & \vdots \\ 1 & 1 & 1 & \cdots & n-2-x & 1 \\ 1 & 1 & 1 & \cdots & 1 & n-1-x \end{vmatrix}=0$ 的解.

2. (4 分)解方程 $f(x)=\begin{vmatrix} 1 & 1 & 1 & 1 \\ 1 & 2 & 4 & 8 \\ 1 & 3 & 9 & 27 \\ x & x^2 & x^3 & x^4 \end{vmatrix}=0$.

五、计算题(每题 9 分,共 2 题,18 分)

1. 设行列式 $D=\begin{vmatrix} 3 & 1 & -1 & 2 \\ 2 & 2 & 2 & 2 \\ 0 & 3 & 1 & -1 \\ 1 & 1 & -2 & -2 \end{vmatrix}$,$a_{ij}$ 表示行列式 D 的第 i 行、第 j 列元素,A_{ij} 为元素 a_{ij} 的代数余子式,求 $A_{31}+3A_{32}-2A_{33}+2A_{34}$.

*2. 设行列式 $D_n=\begin{vmatrix} 2 & 1 & 0 & \cdots & 0 \\ 1 & 2 & 1 & \cdots & 0 \\ 0 & 1 & 2 & \cdots & 0 \\ \vdots & \vdots & \vdots & \ddots & \vdots \\ 0 & 0 & 0 & \cdots & 2 \end{vmatrix}$,证明数列 $\{D_n\}$ 为等差数列,并计算行列式 D_n 的值.

第2章 矩阵及其运算

2.1 基础模块

2.1.1 矩阵

1. 设$\begin{pmatrix}64 & a+b & 39\\ 0 & 55 & a-b\end{pmatrix}=\begin{pmatrix}x & -20 & x+y\\ z+w & z & 20\end{pmatrix}$,试求$a,b,x,y,z,w$.

2. 矩阵$\begin{pmatrix}0 & 0\\ 0 & 0\end{pmatrix}$与矩阵$\begin{pmatrix}0 & 0 & 0\\ 0 & 0 & 0\\ 0 & 0 & 0\end{pmatrix}$是否相等?

3. 写出三阶单位矩阵、4阶对角矩阵的具体形式.

2.1.2 矩阵的运算

一、填空题

1. 若$\boldsymbol{A}=(a_{ij})_{7\times 8}$,$\boldsymbol{B}=(b_{ij})_{8\times 10}$,$\boldsymbol{AB}=(c_{ij})_{7\times 10}$,则$c_{45}=$________.

2. 设$\boldsymbol{A}=(a_{ij})_{5\times 7}$,$\boldsymbol{B}=(b_{ij})_{m\times n}$.

(1) 当$m=$________,$n=$________时$\boldsymbol{A}+\boldsymbol{B}$有意义,$\boldsymbol{A}+\boldsymbol{B}$是________行________列矩阵.

(2) 当$m=$________,$n=$________时$\boldsymbol{AB}$有意义,$\boldsymbol{AB}$是________行________列矩阵.

(3) 当$m=$________,$n=$________时$\boldsymbol{BA}$有意义,$\boldsymbol{BA}$是________行________列矩阵.

(4) 当$m=$________,$n=$________时$\boldsymbol{B}^{\mathrm{T}}\boldsymbol{A}$有意义,$\boldsymbol{B}^{\mathrm{T}}\boldsymbol{A}$是________行________列矩阵.

(5) 当$m=$________,$n=$________时$|\boldsymbol{AB}|$有意义.

3. 两个矩阵既可相加又可相乘的充要条件是________.

4. $(1,2)\begin{pmatrix}1\\ 2\end{pmatrix}=$________,$\begin{pmatrix}1\\ 2\end{pmatrix}(1,2)=$________;$\sum_{i=1}^{n}a_i x_i$的矩阵表示为________,$\sum_{i=1}^{n}x_i$的矩阵表示为________.

5. 若 $\boldsymbol{A}$ 是三阶方阵，$|\boldsymbol{A}|=5$，则 $|\boldsymbol{A}^2|=$________，$|4\boldsymbol{A}^2|=$________.

6. $\boldsymbol{A},\boldsymbol{B}$ 为同阶方阵，若 $\boldsymbol{AB}=\boldsymbol{E}$，$|\boldsymbol{A}|=2$，则 $|\boldsymbol{B}|=$________，$|\boldsymbol{A}^{\mathrm{T}}|=$________.

7. 设 $\boldsymbol{A},\boldsymbol{B}$ 为 n 阶方阵，则 $(\boldsymbol{AB})^k=\boldsymbol{A}^k\boldsymbol{B}^k$ 的充要条件为________.

二、计算题

1. 设 $\boldsymbol{A}=\begin{pmatrix}1 & 1 & 1\\ 1 & 1 & -1\\ 1 & -1 & 1\end{pmatrix}$，$\boldsymbol{B}=\begin{pmatrix}1 & 2 & 3\\ -1 & -2 & 4\\ 0 & 5 & 1\end{pmatrix}$，求 $3\boldsymbol{AB}-2\boldsymbol{A}$ 及 $\boldsymbol{A}^{\mathrm{T}}\boldsymbol{B}$.

2. 计算下列乘积：

(1) $\begin{pmatrix}4 & 3 & 1\\ 1 & -2 & 3\\ 5 & 7 & 0\end{pmatrix}\begin{pmatrix}7\\ 2\\ 1\end{pmatrix}$；

(2) $(x_1,x_2,x_3)\begin{pmatrix}a_{11} & a_{12} & a_{13}\\ a_{21} & a_{22} & a_{23}\\ a_{31} & a_{32} & a_{33}\end{pmatrix}\begin{pmatrix}x_1\\ x_2\\ x_3\end{pmatrix}$.

3. 设 $f(x)=2x^2-x+3$，$\boldsymbol{A}=\begin{pmatrix}1 & -1\\ 0 & 1\end{pmatrix}$，求 $f(\boldsymbol{A})$.

4. 设 $\boldsymbol{A}=\begin{pmatrix}1 & 0\\ \lambda & 1\end{pmatrix}$,求 $\boldsymbol{A}^2,\boldsymbol{A}^3,\cdots,\boldsymbol{A}^k$.

5. 已知 $\boldsymbol{A}=\boldsymbol{PQ}$,其中 $\boldsymbol{P}=\begin{pmatrix}1\\2\\1\end{pmatrix}$,$\boldsymbol{Q}=(2,-1,2)$,求 $\boldsymbol{A},\boldsymbol{A}^2,\boldsymbol{A}^{100}$.

三、证明题

1. 若 $\boldsymbol{A}$ 为任意矩阵,则 $\boldsymbol{A}\boldsymbol{A}^{\mathrm{T}}$ 恒有意义且为对称矩阵.

2. 若 $\boldsymbol{A},\boldsymbol{B}$ 为 n 阶方阵,且 $\boldsymbol{A}$ 为对称矩阵,则 $\boldsymbol{B}^{\mathrm{T}}\boldsymbol{AB}$ 也为对称矩阵.

2.1.3 逆矩阵

一、填空题

1. (1) 若矩阵 $\boldsymbol{A}$ 可逆，$\boldsymbol{A}=\begin{pmatrix} a & b \\ c & d \end{pmatrix}$，则 $\boldsymbol{A}^{-1}=$________；

(2) $\boldsymbol{A}=\begin{pmatrix} a & 0 & 0 \\ 0 & b & 0 \\ 0 & 0 & c \end{pmatrix}$，$a,b,c$ 均不为零，则 $\boldsymbol{A}^{-1}=$________.

2. 当 $x=$________时，矩阵$\begin{pmatrix} 1 & x-1 & 2 \\ 1 & 1 & 1 \\ 0 & 0 & x^2-1 \end{pmatrix}$不可逆.

3. 若 $|\boldsymbol{A}|=a\neq 0$，则 $|\boldsymbol{A}^*|=$________，$|\boldsymbol{A}^{-1}|=$________.

4. 若 $\boldsymbol{A}^{-1}=\begin{pmatrix} 2 & 4 \\ 6 & 8 \end{pmatrix}$，则 $\boldsymbol{A}=$________，$(4\boldsymbol{A})^{-1}=$________，$(\boldsymbol{A}^{\mathrm{T}})^{-1}=$________.

5. 设 $\boldsymbol{A},\boldsymbol{B},\boldsymbol{C}$ 为同阶方阵，若 $\boldsymbol{AB}=\boldsymbol{AC}$，则当________时，$\boldsymbol{B}=\boldsymbol{C}$.

二、选择题

1. 下述命题正确的是(　　).

A. $\boldsymbol{A}$ 为 n 阶方阵，$\boldsymbol{AA}^*=\boldsymbol{0}$ 是 $\boldsymbol{A}$ 可逆的充要条件

B. $\boldsymbol{A}$ 为 n 阶方阵，且每一行诸元素之和为零，则 $\boldsymbol{A}$ 不可逆

C. $\boldsymbol{A}$ 为 n 阶上三角矩阵，则 $\boldsymbol{A}$ 可逆的充要条件为 $\boldsymbol{A}$ 的对角线上元素都不为零

2. $\boldsymbol{A}$ 为 n 阶可逆矩阵，则下式不正确的是(　　).

A. $(\boldsymbol{A}^*)^{-1}=\dfrac{\boldsymbol{A}^{-1}}{|\boldsymbol{A}|}$　　B. $[(\boldsymbol{A}^{-1})^{\mathrm{T}}]^{-1}=[(\boldsymbol{A}^{\mathrm{T}})^{-1}]^{\mathrm{T}}$

C. $|\boldsymbol{A}^*|=|\boldsymbol{A}^{-1}|$　　D. $|\boldsymbol{A}^*|=|\boldsymbol{A}|^{n-1}$

3. 已知 $\boldsymbol{A},\boldsymbol{B}$ 均为非零 n 阶方阵且 $\boldsymbol{AB}=\boldsymbol{0}$，则下述命题正确的是(　　).

A. $\boldsymbol{A},\boldsymbol{B}$ 中必有一个可逆　　B. $\boldsymbol{A},\boldsymbol{B}$ 都不可逆

C. $\boldsymbol{A},\boldsymbol{B}$ 都可逆　　D. 以上均不正确

4. 设 $\boldsymbol{A},\boldsymbol{B},\boldsymbol{C}$ 为 n 阶方阵，且 $\boldsymbol{ABC}=\boldsymbol{E}$，则下式成立的是(　　).

A. $\boldsymbol{ACB}=\boldsymbol{E}$　　B. $\boldsymbol{CBA}=\boldsymbol{E}$　　C. $\boldsymbol{BAC}=\boldsymbol{E}$　　D. $\boldsymbol{BCA}=\boldsymbol{E}$

三、解答题

1. 设 $\boldsymbol{A}=\begin{pmatrix} 1 & 2 & 1 \\ 3 & 4 & -2 \\ 5 & -4 & 1 \end{pmatrix}$，问 $\boldsymbol{A}$ 是否可逆，若可逆，求 $\boldsymbol{A}^{-1}$.

2. 设 n 阶方阵 $\boldsymbol{A},\boldsymbol{B}$ 满足 $\boldsymbol{A}+\boldsymbol{B}=\boldsymbol{AB}$，(1)证明 $\boldsymbol{A}-\boldsymbol{E}$ 可逆；(2)已知 $\boldsymbol{B}=\begin{pmatrix}1 & -3 & 0\\ 2 & 1 & 0\\ 0 & 0 & 2\end{pmatrix}$，求 $\boldsymbol{A}$.

3. 求解矩阵方程 $\begin{pmatrix}1 & 4\\ -1 & 2\end{pmatrix}\boldsymbol{A}\begin{pmatrix}2 & 0\\ -1 & 1\end{pmatrix}=\begin{pmatrix}3 & 1\\ 0 & -1\end{pmatrix}$.

4. 利用逆矩阵解线性方程组 $\begin{cases}x_1+2x_2+3x_3=1,\\ 2x_1+2x_2+5x_3=2,\\ 3x_1+5x_2+x_3=3.\end{cases}$

5. 设 $\boldsymbol{A}=\begin{pmatrix} 4 & 2 & 3 \\ 1 & 1 & 0 \\ -1 & 2 & 3 \end{pmatrix}$，$\boldsymbol{AB}=\boldsymbol{A}+2\boldsymbol{B}$，求 $\boldsymbol{B}$.

*6. 设 $\boldsymbol{A},\boldsymbol{B},\boldsymbol{A}+\boldsymbol{B}$ 可逆，求 $(\boldsymbol{A}^{-1}+\boldsymbol{B}^{-1})^{-1}$.

四、证明题

1. 设 $\boldsymbol{A}$ 为对称且可逆方阵，证明 $\boldsymbol{A}^{-1}$ 为对称矩阵.

2. 设 $\boldsymbol{A}$ 为可逆矩阵，证明 $\boldsymbol{A}$ 的伴随矩阵 $\boldsymbol{A}^*$ 亦可逆，并求 $(\boldsymbol{A}^*)^{-1}$.

3. 设方阵 $\boldsymbol{A}$ 满足 $\boldsymbol{A}^2-\boldsymbol{A}-2\boldsymbol{E}=\boldsymbol{0}$，证明 $\boldsymbol{A}$ 可逆，并求 $\boldsymbol{A}^{-1}$.

4. 若 n 阶矩阵 $\boldsymbol{A}$ 具有性质 $\boldsymbol{A}^k=\boldsymbol{0}_{n\times n}$，则 $\boldsymbol{E}-\boldsymbol{A}$ 必为非奇异矩阵，且其逆满足 $(\boldsymbol{E}-\boldsymbol{A})^{-1}=\boldsymbol{E}+\boldsymbol{A}+\boldsymbol{A}^2+\cdots+\boldsymbol{A}^{k-1}$.

2.1.4 克莱姆法则

一、解线性方程组

$$\begin{cases} x_1+x_2+2x_3+4x_4=-1, \\ 3x_1-x_2-x_3-2x_4=9, \\ 2x_1+3x_2-x_3-x_4=-4, \\ x_1+2x_2-3x_3-x_4=1. \end{cases}$$

二、讨论题

k 取何值时，线性方程组$\begin{cases} kx+y+2z=0, \\ 2x+ky+2z=0, \\ x-y-2kz=0 \end{cases}$有非零解.

2.1.5 矩阵分块法

1. 设 $\boldsymbol{A}=\begin{pmatrix} 5 & 2 & 0 & 0 \\ 2 & 1 & 0 & 0 \\ 0 & 0 & 8 & 3 \\ 0 & 0 & 5 & 2 \end{pmatrix}$，求 $|\boldsymbol{A}|$，$\boldsymbol{A}^2$，$\boldsymbol{A}^{-1}$.

2. 设 $\boldsymbol{A}=\begin{pmatrix}\boldsymbol{0} & \boldsymbol{A}_1\\ \boldsymbol{A}_2 & \boldsymbol{0}\end{pmatrix}$，$\boldsymbol{A}_1,\boldsymbol{A}_2$ 为可逆方阵.

(1) 求 $\boldsymbol{A}^{-1}$；

(2) 又设 $\boldsymbol{A}=\begin{pmatrix}0 & 0 & 3 & 5\\ 0 & 0 & 2 & 7\\ 8 & 3 & 0 & 0\\ 9 & 4 & 0 & 0\end{pmatrix}$，求 $\boldsymbol{A}^{-1}$.

3. 设 n 阶方阵 $\boldsymbol{A},\boldsymbol{B}$ 的分块矩阵为 $\boldsymbol{A}=(\boldsymbol{\alpha}_1,\boldsymbol{\alpha}_2,\cdots,\boldsymbol{\alpha}_n)$，$\boldsymbol{B}=\begin{pmatrix}\boldsymbol{\beta}_1\\ \boldsymbol{\beta}_2\\ \vdots\\ \boldsymbol{\beta}_n\end{pmatrix}$，则关于分块矩阵乘法不成立的是(　　).

A. $(\boldsymbol{\alpha}_1,\boldsymbol{\alpha}_2,\cdots,\boldsymbol{\alpha}_n)\begin{pmatrix}\boldsymbol{\beta}_1\\ \boldsymbol{\beta}_2\\ \vdots\\ \boldsymbol{\beta}_n\end{pmatrix}=\sum\limits_{k=1}^{n}\boldsymbol{\alpha}_k\boldsymbol{\beta}_k$

B. $\boldsymbol{B}(\boldsymbol{\alpha}_1,\boldsymbol{\alpha}_2,\cdots,\boldsymbol{\alpha}_n)=(\boldsymbol{B}\boldsymbol{\alpha}_1,\boldsymbol{B}\boldsymbol{\alpha}_2,\cdots,\boldsymbol{B}\boldsymbol{\alpha}_n)$

C. $(\boldsymbol{\alpha}_1,\boldsymbol{\alpha}_2,\cdots,\boldsymbol{\alpha}_n)\boldsymbol{B}=(\boldsymbol{\alpha}_1\boldsymbol{B},\boldsymbol{\alpha}_2\boldsymbol{B},\cdots,\boldsymbol{\alpha}_n\boldsymbol{B})$

D. $\begin{pmatrix}\boldsymbol{\beta}_1\\ \boldsymbol{\beta}_2\\ \vdots\\ \boldsymbol{\beta}_n\end{pmatrix}(\boldsymbol{\alpha}_1,\boldsymbol{\alpha}_2,\cdots,\boldsymbol{\alpha}_n)=\begin{pmatrix}\boldsymbol{\beta}_1\boldsymbol{\alpha}_1 & \cdots & \boldsymbol{\beta}_1\boldsymbol{\alpha}_n\\ \vdots & & \vdots\\ \boldsymbol{\beta}_n\boldsymbol{\alpha}_1 & \cdots & \boldsymbol{\beta}_n\boldsymbol{\alpha}_n\end{pmatrix}$

2.2 综合训练

一、判断题

1. 可逆矩阵必是方阵. ( )
2. 非零方阵必存在逆矩阵. ( )
3. 若 $\boldsymbol{AB}=\boldsymbol{0}$,则 $\boldsymbol{A},\boldsymbol{B}$ 之中必有一个零矩阵. ( )
4. $(\boldsymbol{A}+\boldsymbol{B})^2=\boldsymbol{A}^2+2\boldsymbol{AB}+\boldsymbol{B}^2$. ( )
5. 设 $\boldsymbol{A},\boldsymbol{B}$ 是方阵,若 $|\boldsymbol{A}|=|\boldsymbol{B}|$,则 $\boldsymbol{A}=\boldsymbol{B}$. ( )
6. 若 $\boldsymbol{A}$ 是方阵,则 $|7\boldsymbol{A}|=7|\boldsymbol{A}|$. ( )
7. 若矩阵中有两行元素对应成比例,则矩阵必不可逆. ( )
8. 若 $\boldsymbol{A},\boldsymbol{B}$ 是不可逆的同阶方阵,则 $|\boldsymbol{A}|=|\boldsymbol{B}|$. ( )
9. 对角矩阵的逆矩阵仍是对角矩阵. ( )
10. $(\boldsymbol{AB})^{\mathrm{T}}=\boldsymbol{A}^{\mathrm{T}}\boldsymbol{B}^{\mathrm{T}}$. ( )
11. 上三角矩阵的逆矩阵仍是上三角矩阵. ( )
12. 若 $\boldsymbol{A},\boldsymbol{B}$ 均可逆,则 $\boldsymbol{A}+\boldsymbol{B}$ 可逆. ( )
13. 若 $\boldsymbol{A},\boldsymbol{B}$ 为同阶方阵,$\boldsymbol{AB}$ 可逆,则 $\boldsymbol{A},\boldsymbol{B}$ 均可逆. ( )
14. $(\boldsymbol{A}+\boldsymbol{B})(\boldsymbol{A}-\boldsymbol{B})=\boldsymbol{A}^2-\boldsymbol{B}^2$. ( )
15. 若 $\boldsymbol{A}^2=\boldsymbol{0}$,则 $\boldsymbol{A}=\boldsymbol{0}$. ( )
16. 若 $\boldsymbol{AX}=\boldsymbol{AY}$,且 $\boldsymbol{A}\neq\boldsymbol{0}$,则 $\boldsymbol{X}=\boldsymbol{Y}$. ( )

二、填空题

1. 若矩阵 $\boldsymbol{A}=\begin{pmatrix}2&1\\-1&2\end{pmatrix}$,$\boldsymbol{E}$ 为二阶单位矩阵,若 $\boldsymbol{BA}=\boldsymbol{B}+2\boldsymbol{E}$,则 $|\boldsymbol{B}|$ 为________.

2. 设矩阵 $\boldsymbol{A}=\begin{pmatrix}1&2&3\\0&1&2\\0&0&1\end{pmatrix}$,则 $(\boldsymbol{A}^*)^{-1}=$________,$(\boldsymbol{A}^*)^*=$________.

3. 设矩阵 $\boldsymbol{A}=\begin{pmatrix}3&2\\0&1\end{pmatrix}$,矩阵 $\boldsymbol{B}$ 满足 $\boldsymbol{AB}=\boldsymbol{BA}$,则矩阵 $\boldsymbol{B}=$________.

4. 当线性方程组 $\begin{cases}ax+a^2y+a^3z=1,\\bx+b^2y+b^3z=1,\\cx+c^2y+c^3z=1\end{cases}$ 满足条件________时有唯一解.

三、计算题

*1. 设矩阵 $\boldsymbol{A}=\begin{pmatrix}1&-1&1\\2&-2&2\\-2&2&-2\end{pmatrix}$,求 $\boldsymbol{A}^{50}$.

2. 设矩阵 $\boldsymbol{A}=\begin{pmatrix}1&0&0&0\\-2&3&0&0\\0&-4&5&0\\0&0&-6&-7\end{pmatrix}$，$\boldsymbol{E}$ 为 4 阶单位矩阵，且 $\boldsymbol{B}=(\boldsymbol{E}+\boldsymbol{A})^{-1}(\boldsymbol{E}-\boldsymbol{A})$，求$(\boldsymbol{E}+\boldsymbol{B})^{-1}$.

3. 求满足$\begin{pmatrix}1&-1&1\\0&2&3\\1&2&5\end{pmatrix}-\boldsymbol{X}+\begin{pmatrix}1\\2\\3\end{pmatrix}(1\quad -1\quad 1)=\boldsymbol{E}$ 的矩阵 $\boldsymbol{X}$，其中 $\boldsymbol{E}$ 为三阶单位矩阵.

4. 设 $\boldsymbol{X}=\begin{pmatrix}\boldsymbol{A}&\boldsymbol{0}\\\boldsymbol{C}&\boldsymbol{B}\end{pmatrix}$，$\boldsymbol{A}$，$\boldsymbol{B}$ 均为可逆方阵，求 $\boldsymbol{X}^{-1}$.

*5. 设矩阵 $\boldsymbol{A}$ 的伴随矩阵 $\boldsymbol{A}^*=\begin{pmatrix}1&0&0&0\\0&1&0&0\\1&0&1&0\\0&-3&0&8\end{pmatrix}$，且 $\boldsymbol{ABA}^{-1}=\boldsymbol{BA}^{-1}+3\boldsymbol{E}$，其中 $\boldsymbol{E}$ 为 4 阶单位矩阵，求矩阵 $\boldsymbol{B}$.

*6. 设矩阵 $\boldsymbol{A}=\begin{pmatrix}1&-1&t\\1&0&2\\0&2&-1\end{pmatrix}$，若有三阶非零矩阵 $\boldsymbol{B}$ 满足 $\boldsymbol{AB}=\boldsymbol{0}$，求参数 t.

7. 已知 $\boldsymbol{A}=\begin{pmatrix}1&2&-3\\0&1&2\\0&0&1\end{pmatrix}$，$\boldsymbol{B}=\begin{pmatrix}1&2&0\\0&1&2\\0&0&1\end{pmatrix}$满足$(2\boldsymbol{E}-\boldsymbol{A}^{-1}\boldsymbol{B})\boldsymbol{C}^{\mathrm{T}}=\boldsymbol{A}^{-1}$，求 $\boldsymbol{C}$.

8. 求一个二次多项式 $f(x)$，使得 $f(1)=0, f(2)=3, f(-3)=28$.

*四、证明题

1. 设 $\boldsymbol{A}, \boldsymbol{B}$ 均为 n 阶方阵，且 $\boldsymbol{A}^2=\boldsymbol{E}, \boldsymbol{B}^2=\boldsymbol{E}, |\boldsymbol{A}|+|\boldsymbol{B}|=0$，证明 $|\boldsymbol{A}+\boldsymbol{B}|=0$.

2. 设 $\boldsymbol{A}$ 为 n 阶方阵，n 为奇数，且 $|\boldsymbol{A}|=1$，又知 $\boldsymbol{A}^{\mathrm{T}}=\boldsymbol{A}^{-1}$，试证 $\boldsymbol{E}-\boldsymbol{A}$ 不可逆.

2.3 模拟考场

（满分 100 分）

一、填空题(每题 5 分,共 6 题,30 分)

1. $\boldsymbol{A}$ 为三阶方阵,$|3\boldsymbol{A}|=2$,则 $|2\boldsymbol{A}|=$________.

2. $\boldsymbol{A}$ 为 n 阶方阵,$|\boldsymbol{A}^{\mathrm{T}}|=2$,则 $|-\boldsymbol{A}|=$________.

3. $(\boldsymbol{A}^{-1})^{\mathrm{T}}\boldsymbol{A}^{\mathrm{T}}=$________.

4. 若 $\boldsymbol{A}^{*}=\boldsymbol{A}^{-1}$,则 $|\boldsymbol{A}|=$________.

5. 设 $\boldsymbol{A}=\begin{pmatrix}3&0&0\\1&4&0\\0&0&3\end{pmatrix}$,则 $(\boldsymbol{A}-2\boldsymbol{E})^{-1}=$________.

6. 线性方程组 $\begin{cases}a_1x+b_1y=c_1\\a_2x+b_2y=c_2\end{cases}$, $D=\begin{vmatrix}a_1&b_1\\a_2&b_2\end{vmatrix}$, $D_1=\begin{vmatrix}b_1&c_1\\b_2&c_2\end{vmatrix}$, $D_2=\begin{vmatrix}a_2&c_2\\a_1&c_1\end{vmatrix}$,

$D\neq0$,则 $x=$________; $y=$________.

二、选择题(每题 3 分,共 9 题,27 分)

1. 下列结果正确的是(　　).

   A. 若 $|\boldsymbol{A}|=0$,则 $\boldsymbol{A}=\boldsymbol{0}$

   B. 若 $\boldsymbol{A}^2=\boldsymbol{0}$,则 $\boldsymbol{A}=\boldsymbol{0}$

   C. 若 $|\boldsymbol{A}^2|=0$,则 $|\boldsymbol{A}|=0$

   D. 若 $\boldsymbol{AB}=\boldsymbol{0}$ 且 $\boldsymbol{A},\boldsymbol{B}$ 同阶,则 $\boldsymbol{A}=\boldsymbol{0}$ 或 $\boldsymbol{B}=\boldsymbol{0}$

2. $\boldsymbol{A},\boldsymbol{B}$ 为同阶方阵,则下列命题正确的是(　　).

   A. $|\boldsymbol{A}+\boldsymbol{B}|=|\boldsymbol{A}|+|\boldsymbol{B}|$　　B. $\boldsymbol{AB}=\boldsymbol{BA}$

   C. $|\boldsymbol{AB}|=|\boldsymbol{BA}|$　　D. $(\boldsymbol{A}+\boldsymbol{B})^{-1}=\boldsymbol{A}^{-1}+\boldsymbol{B}^{-1}$

3. 若 $\boldsymbol{A},\boldsymbol{B}$ 均可逆,则 $\begin{pmatrix}\boldsymbol{0}&\boldsymbol{A}\\\boldsymbol{B}&\boldsymbol{0}\end{pmatrix}$ 的逆为(　　).

   A. $\begin{pmatrix}\boldsymbol{A}^{-1}&\boldsymbol{0}\\\boldsymbol{C}&\boldsymbol{B}^{-1}\end{pmatrix}$　　B. $\begin{pmatrix}\boldsymbol{0}&\boldsymbol{A}^{-1}\\\boldsymbol{B}^{-1}&\boldsymbol{0}\end{pmatrix}$　　C. $\begin{pmatrix}\boldsymbol{0}&\boldsymbol{B}^{-1}\\\boldsymbol{A}^{-1}&\boldsymbol{0}\end{pmatrix}$　　D. $\begin{pmatrix}\boldsymbol{B}^{-1}&\boldsymbol{0}\\\boldsymbol{C}&\boldsymbol{A}^{-1}\end{pmatrix}$

4. $\boldsymbol{A}=\begin{pmatrix}1&0\\1&-1\end{pmatrix}$,则 $\boldsymbol{A}^{*}$ 为(　　).

   A. $\begin{pmatrix}-1&0\\1&1\end{pmatrix}$　　B. $\begin{pmatrix}-1&0\\-1&1\end{pmatrix}$　　C. $\begin{pmatrix}1&0\\-1&-1\end{pmatrix}$　　D. $\begin{pmatrix}-1&0\\1&-1\end{pmatrix}$

5. 已知 $\boldsymbol{A}_{m\times n},\boldsymbol{B}_{p\times q},\boldsymbol{C}_{s\times t}$ 为矩阵且 $\boldsymbol{AB},\boldsymbol{BC},\boldsymbol{CA}$ 均有意义,则(　　).

   A. $n=p,q=s$　　B. $m=q,s=t$

   C. $n=p,q=s,t=m$　　D. $m=n=p=q=s=t$

6. 已知 $\boldsymbol{A}^2=\boldsymbol{A},\boldsymbol{A}$ 可逆,则(　　).

   A. $\boldsymbol{A}=\boldsymbol{0}$　　B. $\boldsymbol{A}=\boldsymbol{E}$

   C. $\boldsymbol{A}\neq\boldsymbol{0}$ 且 $\boldsymbol{A}\neq\boldsymbol{E}$　　D. $|\boldsymbol{A}|=1$

7. $\boldsymbol{A},\boldsymbol{B}$ 可逆,$\boldsymbol{AXB}=\boldsymbol{C}$,则 $\boldsymbol{X}=($　　$)$.

A. $\boldsymbol{C}\boldsymbol{A}^{-1}\boldsymbol{B}^{-1}$　　B. $\boldsymbol{A}^{-1}\boldsymbol{C}\boldsymbol{B}^{-1}$　　C. $\boldsymbol{B}^{-1}\boldsymbol{A}^{-1}\boldsymbol{C}$　　D. $\boldsymbol{B}^{-1}\boldsymbol{C}\boldsymbol{A}^{-1}$

8. 以下结论正确的是(　　).

A. 对任意的同阶方阵 $\boldsymbol{A},\boldsymbol{B}$ 均有 $(\boldsymbol{A}+\boldsymbol{B})(\boldsymbol{A}-\boldsymbol{B})=\boldsymbol{A}^2-\boldsymbol{B}^2$

B. 若 $\boldsymbol{A}$ 为对称矩阵,则 $\boldsymbol{A}^2$ 也为对称矩阵

C. 若 $\boldsymbol{A},\boldsymbol{B}$ 为 n 阶对称矩阵,则 $\boldsymbol{A}+\boldsymbol{B}$ 也为对称矩阵

D. 若 $\boldsymbol{A},\boldsymbol{B}$ 为 n 阶对称矩阵,则 $\boldsymbol{AB}$ 也为对称矩阵

9. 设 $\boldsymbol{A},\boldsymbol{B}$ 均为 n 阶可逆方阵,则必有(　　).

A. $\boldsymbol{AB}=\boldsymbol{BA}$　　B. $(\boldsymbol{A}+\boldsymbol{B})^{-1}=\boldsymbol{A}^{-1}+\boldsymbol{B}^{-1}$

C. $|\boldsymbol{AB}|=|\boldsymbol{B}||\boldsymbol{A}|$　　D. $|\boldsymbol{A}+\boldsymbol{B}|=|\boldsymbol{A}|+|\boldsymbol{B}|$

三、计算题(每题 7 分,共 2 题,14 分)

1. 设矩阵 $\boldsymbol{A}=\begin{pmatrix}1 & -1\\ 2 & 3\end{pmatrix}$,$\boldsymbol{B}=\boldsymbol{A}^2-3\boldsymbol{A}+2\boldsymbol{E}$,求 $\boldsymbol{B}^{-1}$.

2. 设三阶方阵 $\boldsymbol{A},\boldsymbol{B}$ 满足 $\boldsymbol{A}^{-1}\boldsymbol{BA}=6\boldsymbol{A}+\boldsymbol{BA}$,且 $\boldsymbol{A}=\begin{pmatrix}2 & & \\ & \frac{1}{4} & \\ & & \frac{1}{3}\end{pmatrix}$,求矩阵 $\boldsymbol{B}$.

四、证明题(每题 6 分,共 2 题,12 分)

1. 设 $\boldsymbol{A}$ 为 n 阶实矩阵,且有自然数 m,使得 $(\boldsymbol{A}+\boldsymbol{E})^m=\boldsymbol{0}$,证明 $\boldsymbol{A}$ 可逆.

2. 若方阵 $\boldsymbol{A}$ 满足 $\boldsymbol{A}^2-\boldsymbol{A}-2\boldsymbol{E}=\boldsymbol{0}$ 证明 $\boldsymbol{A}+2\boldsymbol{E}$ 可逆,并求其逆.

五、综合题

1. (9 分)设 $\boldsymbol{A}$ 为三阶方阵,且 $|\boldsymbol{A}|=\frac{1}{2}$,求 $|(3\boldsymbol{A})^{-1}-2\boldsymbol{A}^*|$.

2. (8 分)已知三阶矩阵 $\boldsymbol{A}$ 的逆矩阵为 $\boldsymbol{A}^{-1}=\begin{pmatrix}1&1&1\\1&2&1\\1&1&3\end{pmatrix}$,试求其伴随矩阵 $\boldsymbol{A}^*$ 的逆矩阵.

第3章

矩阵的初等变换与线性方程组

3.1 基础模块

3.1.1 矩阵的初等变换

一、填空题

1. 给 $m\times n$ 矩阵 $\boldsymbol{A}$ 左乘一个初等方阵，相当于对 $\boldsymbol{A}$ 施行一次相应的________；给 $m\times n$ 矩阵 $\boldsymbol{A}$ 右乘一个初等方阵，相当于对 A 施行一次相应的________.

2. $\boldsymbol{E}(i,j)^2=$________. $\boldsymbol{E}(i,j(k))^2=$________.

二、单项选择题

1. 已知 $\boldsymbol{P}\begin{pmatrix}a_{11}&a_{12}&a_{13}&a_{14}\\a_{21}&a_{22}&a_{23}&a_{24}\\a_{31}&a_{32}&a_{33}&a_{34}\end{pmatrix}=\begin{pmatrix}a_{11}-3a_{31}&a_{12}-3a_{32}&a_{13}-3a_{33}&a_{14}-3a_{34}\\a_{21}&a_{22}&a_{23}&a_{24}\\a_{31}&a_{32}&a_{33}&a_{34}\end{pmatrix}$，则 $\boldsymbol{P}=$(　　).

A. $\begin{pmatrix}1&0&0\\0&1&0\\-3&0&1\end{pmatrix}$　　B. $\begin{pmatrix}1&0&-3\\0&1&0\\0&0&1\end{pmatrix}$　　C. $\begin{pmatrix}0&0&-3\\0&1&0\\1&0&1\end{pmatrix}$　　D. $\begin{pmatrix}1&0&0\\0&1&0\\0&-3&1\end{pmatrix}$

2. 设矩阵 $\boldsymbol{A}=\begin{pmatrix}a_{11}&a_{12}&a_{13}\\a_{21}&a_{22}&a_{23}\\a_{31}&a_{32}&a_{33}\end{pmatrix}$，$\boldsymbol{B}=\begin{pmatrix}a_{21}&a_{22}+a_{23}&a_{23}\\a_{11}&a_{12}+a_{13}&a_{13}\\a_{31}&a_{32}+a_{33}&a_{33}\end{pmatrix}$，且 $\boldsymbol{P}=\begin{pmatrix}0&1&0\\1&0&0\\0&0&1\end{pmatrix}$，$\boldsymbol{Q}=\begin{pmatrix}1&0&0\\0&1&0\\0&1&1\end{pmatrix}$，则 $\boldsymbol{B}=$(　　).

A. $\boldsymbol{PQA}$　　B. $\boldsymbol{PAQ}$　　C. $\boldsymbol{AQP}$　　D. $\boldsymbol{QAP}$

三、利用矩阵初等行变换将下列矩阵化为行阶梯形、行最简形，再通过用矩阵初等列变换将其化成标准形.

1. $\begin{pmatrix}3&2&-1&-3\\2&-1&3&1\\4&5&-5&-6\end{pmatrix}$.

2. $\begin{pmatrix} 1 & 0 & 0 & 0 \\ 2 & 1 & 0 & 0 \\ 0 & 2 & 1 & 1 \\ 0 & 0 & 2 & 1 \end{pmatrix}$.

3. $\begin{pmatrix} 1 & 3 & -2 & 5 & 4 \\ 1 & 4 & 1 & 3 & 5 \\ 1 & 4 & 2 & 4 & 3 \\ 2 & 7 & -3 & 6 & 13 \end{pmatrix}$.

四、求矩阵的逆阵

1. $\boldsymbol{A}=\begin{pmatrix} 3 & 2 & 1 \\ 3 & 1 & 5 \\ 3 & 2 & 3 \end{pmatrix}$.

2. $\boldsymbol{A}=\begin{pmatrix}1 & 1 & 2\\ 2 & -1 & -2\\ 2 & -2 & -3\end{pmatrix}$.

五、利用矩阵的初等变换求解矩阵方程

1. 若 $\boldsymbol{A}=\begin{pmatrix}1 & 1 & 1\\ 0 & 1 & 1\\ 0 & 0 & 1\end{pmatrix}$，$\boldsymbol{B}=\begin{pmatrix}1 & 2 & 3\\ 2 & -3 & 1\end{pmatrix}$，且满足 $\boldsymbol{XA}=\boldsymbol{B}$，求 $\boldsymbol{X}$.

2. 设矩阵 $\boldsymbol{A}=\begin{pmatrix}3 & 1 & 1\\ 0 & 3 & 1\\ 0 & 0 & 3\end{pmatrix}$，求矩阵 $\boldsymbol{X}$，使得 $\boldsymbol{AX}=2\boldsymbol{X}+\boldsymbol{A}$.

3.1.2 矩阵的秩

一、填空题

1. 设 $\boldsymbol{A}=\begin{pmatrix}3 & 1 & 0 & 2\\ 1 & -1 & 2 & -1\\ 1 & 3 & -4 & 4\end{pmatrix}$，则 $R(\boldsymbol{A})=$________.

2. 设矩阵 $\boldsymbol{A}=\begin{bmatrix}k & 1 & 1 & 1\\ 1 & k & 1 & 1\\ 1 & 1 & k & 1\\ 1 & 1 & 1 & k\end{bmatrix}$，且 $R(\boldsymbol{A})=3$，则 $k=$________.

3. 设矩阵 $\boldsymbol{A}=\begin{bmatrix}0 & 1 & 0 & 0\\ 0 & 0 & 1 & 0\\ 0 & 0 & 0 & 1\\ 0 & 0 & 0 & 0\end{bmatrix}$，则 $\boldsymbol{A}^3$ 的秩为________.

4. 若矩阵 $\boldsymbol{A}$ 的第 i 行与第 j 列的元素均为 1，其余元素均为零，则 $R(\boldsymbol{A})=$________.

5. 设 4 阶方阵 $\boldsymbol{A}$ 的秩为 2，则其伴随矩阵 $\boldsymbol{A}^*$ 的秩为________.

二、分别利用定义和初等变换求矩阵的秩

1. $\begin{pmatrix} 1 & 0 & 0 \\ 1 & 1 & 1 \\ 0 & 1 & 0 \end{pmatrix}$.

2. $\begin{pmatrix} 1 & 1 & 2 \\ 4 & 5 & 5 \\ 5 & 8 & 1 \\ -1 & -2 & 2 \end{pmatrix}$.

3. $\begin{pmatrix} 3 & 5 & 0 & -3 \\ 2 & 4 & -2 & -1 \\ 1 & 2 & -9 & 2 \\ 2 & 1 & -1 & -3 \end{pmatrix}$.

三、对于不同的 λ 取值,求矩阵 $\boldsymbol{A}$ 的秩,其中 $\boldsymbol{A}=\begin{pmatrix} 3 & 1 & 1 & 4 \\ \lambda & 4 & 10 & 1 \\ 1 & 7 & 17 & 3 \\ 2 & 2 & 4 & 3 \end{pmatrix}$.

3.1.3 线性方程组的解

一、利用矩阵初等行变换求线性方程组的解

1. 设 $\boldsymbol{A}=\begin{pmatrix}1&3&3&2&-1\\2&6&9&5&4\\-1&-3&3&1&13\\0&0&-3&1&-6\end{pmatrix}$,求 $\boldsymbol{Ax}=\boldsymbol{0}$ 的通解.

2. 设 $\boldsymbol{A}=\begin{pmatrix}1&1&-1&-1&1\\2&2&1&0&1\\3&3&0&-1&2\\1&1&2&1&0\end{pmatrix}$,$\boldsymbol{b}=\begin{pmatrix}0\\1\\1\\1\end{pmatrix}$,求非齐次线性方程组 $\boldsymbol{Ax}=\boldsymbol{b}$ 的通解.

二、参数 t 取何值时，方程组 $\begin{cases} tx_1+x_2+x_3=1, \\ x_1+tx_2+x_3=t, \\ x_1+x_2+tx_3=t^2 \end{cases}$ 有唯一解、无穷多解、无解？有解时，求其解.

3.2 综合训练

一、填空题

1. 设 $\boldsymbol{A}$ 为 4 阶可逆阵，将 $\boldsymbol{A}$ 的第 2 行，第 3 行交换位置，再用 3 除第 3 行所得矩阵记为 $\boldsymbol{B}$，则 $\boldsymbol{BA}^{-1}$ 为________，$\boldsymbol{AB}^{-1}$ 为________.

2. $\begin{pmatrix}0&1&0\\1&0&0\\0&0&1\end{pmatrix}^{10}\begin{pmatrix}a&b&c\\d&e&f\\g&h&i\end{pmatrix}\begin{pmatrix}0&0&1\\0&1&0\\1&0&0\end{pmatrix}^{19}=$________.

3. $\boldsymbol{A}$ 是 $m\times n$ 矩阵，齐次线性方程组 $\boldsymbol{Ax}=\boldsymbol{0}$ 有非零解的充要条件是________.

4. 若方程组 $\begin{cases}x_1+2x_2-x_3=\lambda-1,\\3x_2-x_3=\lambda-2,\\\lambda x_2-x_3=(\lambda-3)(\lambda-4)+(\lambda-2)\end{cases}$ 有无穷多解，则 $\lambda=$________.

二、单项选择题

1. 设 $\boldsymbol{A}$ 为 s 行 r 列矩阵，$\boldsymbol{B}$ 为 r 行 s 列矩阵. 如果矩阵 $\boldsymbol{BA}$ 为 r 阶单位矩阵，则必有________.

A. $r>s$　　B. $r<s$　　C. $r\leqslant s$　　D. $r\geqslant s$

2. 若矩阵 $\boldsymbol{A},\boldsymbol{B},\boldsymbol{C}$ 满足 $\boldsymbol{A}=\boldsymbol{BC}$，则________.

A. $R(\boldsymbol{A})=R(\boldsymbol{B})$　　B. $R(\boldsymbol{A})=R(\boldsymbol{C})$

C. $R(\boldsymbol{A})\leqslant R(\boldsymbol{B})$　　D. $R(\boldsymbol{A})\geqslant\max\{R(\boldsymbol{B}),R(\boldsymbol{C})\}$

*3. 设交换 4 阶矩阵 $\boldsymbol{A}$ 的 1,2 行得矩阵 $\boldsymbol{B}$. $\boldsymbol{A}^*$，$\boldsymbol{B}^*$ 分别为 $\boldsymbol{A}$，$\boldsymbol{B}$ 的伴随矩阵，则有______.

A. 交换 $\boldsymbol{A}^*$ 的 1,2 列得矩阵 $\boldsymbol{B}^*$　　B. 交换 $\boldsymbol{A}^*$ 的 1,2 行得矩阵 $\boldsymbol{B}^*$

C. 交换 $\boldsymbol{A}^*$ 的 1,2 列得矩阵 $-\boldsymbol{B}^*$　　D. 交换 $\boldsymbol{A}^*$ 的 1,2 行得矩阵 $-\boldsymbol{B}^*$

4. 若非齐次线性方程组 $\boldsymbol{Ax}=\boldsymbol{b}$ 中方程个数少于未知数个数，那么(　　).

A. $\boldsymbol{Ax}=\boldsymbol{b}$ 必有无穷多解　　B. $\boldsymbol{Ax}=\boldsymbol{0}$ 必有非零解

C. $\boldsymbol{Ax}=\boldsymbol{0}$ 仅有零解　　D. $\boldsymbol{Ax}=\boldsymbol{0}$ 一定无解

三、利用初等变换法求解矩阵方程 $\boldsymbol{X}\begin{pmatrix}1&1&-1\\0&2&3\\1&-1&0\end{pmatrix}=\begin{pmatrix}1&-1&1\\1&1&0\\0&0&1\end{pmatrix}$.

*四、设 $\boldsymbol{A}$ 为 $n(n\geqslant 2)$ 阶方阵，$\boldsymbol{A}^*$ 为 $\boldsymbol{A}$ 的伴随矩阵，$\mathrm{R}(\boldsymbol{A})$ 表示矩阵 $\boldsymbol{A}$ 的秩，证明

$$\mathrm{R}(\boldsymbol{A}^*)=\begin{cases} n, & \mathrm{R}(\boldsymbol{A})=n, \\ 1, & \mathrm{R}(\boldsymbol{A})=n-1, \\ 0, & \mathrm{R}(\boldsymbol{A})<n-1. \end{cases}$$

3.3 模拟考场

（满分 100 分）

一、判断题（每题 1.5 分，共 8 小题，12 分）

（1）矩阵与可逆矩阵相乘后，其秩不变. （ ）

（2）方阵 $\boldsymbol{A}$ 可逆的充要条件是 $\boldsymbol{A}\overset{r}{\sim}\boldsymbol{E}$. （ ）

（3）若 $\boldsymbol{A}\sim\boldsymbol{B}$，则必有 $R(\boldsymbol{A})=R(\boldsymbol{B})$. （ ）

（4）若 $\boldsymbol{A}_{m\times n}\boldsymbol{B}_{n\times l}=\boldsymbol{0}$，则必有 $R(\boldsymbol{A})=R(\boldsymbol{B})$. （ ）

（5）n 元线性方程组 $\boldsymbol{Ax}=\boldsymbol{b}$ 有解的充要条件是 $R(\boldsymbol{A})=R(\boldsymbol{A}\,\vdots\,\boldsymbol{b})$. （ ）

（6）设 $\boldsymbol{B}$ 为 n 阶可逆矩阵，若 $\boldsymbol{AB}=\boldsymbol{CB}$，则 $\boldsymbol{A}=\boldsymbol{C}$. （ ）

（7）设 $\boldsymbol{A}$ 为 n 阶可逆矩阵，$\boldsymbol{A}$ 总可以经过初等行变换变为单位矩阵 $\boldsymbol{E}$. （ ）

（8）设 $\boldsymbol{A}$ 为 n 阶可逆矩阵，对矩阵 $(\boldsymbol{A}\,\vdots\,\boldsymbol{E})$ 施行若干次初等变换，当 $\boldsymbol{A}$ 变为 $\boldsymbol{E}$ 时，相应地 $\boldsymbol{E}$ 变为 $\boldsymbol{A}^{-1}$. （ ）

二、填空题（每题 4 分，共 8 小题，32 分）

（1）设 $\boldsymbol{A}=\begin{pmatrix} a_{11} & a_{12} & a_{13} & a_{14} \\ a_{21} & a_{21} & a_{21} & a_{21} \\ a_{31} & a_{32} & a_{33} & a_{34} \\ a_{41} & a_{42} & a_{43} & a_{44} \end{pmatrix}$，$\boldsymbol{B}=\begin{pmatrix} a_{14} & a_{13} & a_{12} & a_{11} \\ a_{24} & a_{23} & a_{22} & a_{21} \\ a_{34} & a_{33} & a_{32} & a_{31} \\ a_{44} & a_{43} & a_{42} & a_{41} \end{pmatrix}$，$\boldsymbol{P}_1=\begin{pmatrix} 0 & 0 & 0 & 1 \\ 0 & 1 & 0 & 0 \\ 0 & 0 & 1 & 0 \\ 1 & 0 & 0 & 0 \end{pmatrix}$，

$\boldsymbol{P}_2=\begin{pmatrix} 1 & 0 & 0 & 0 \\ 0 & 0 & 1 & 0 \\ 0 & 1 & 0 & 0 \\ 0 & 0 & 0 & 1 \end{pmatrix}$，其中 $\boldsymbol{A}$ 可逆，则 $\boldsymbol{B}^{-1}=$________.

（2）设 $\boldsymbol{A}=\begin{pmatrix} 1 & 2 & 3 \\ 1 & 2 & 3 \\ 2 & 1 & 3 \end{pmatrix}$，$\boldsymbol{B}=\begin{pmatrix} 1 & 2 & 3 \\ 2 & 4 & 5 \\ 3 & 5 & 8 \end{pmatrix}$，则 $\boldsymbol{AB}$ 的秩是________.

（3）已知 $\boldsymbol{A}=\begin{pmatrix} 1 & 2 & 1 \\ 2 & 3 & a+2 \\ 1 & a & -2 \\ 2 & a+2 & -1 \end{pmatrix}$ 的秩为 2，则 a 应满足________.

（4）设线性方程组 $\begin{pmatrix} a & 1 & 1 \\ 1 & a & 1 \\ 1 & 1 & a \end{pmatrix}\begin{pmatrix} x_1 \\ x_2 \\ x_3 \end{pmatrix}=\begin{pmatrix} 1 \\ 1 \\ -2 \end{pmatrix}$ 有无穷多个解，则 $a=$________.

（5）已知线性方程组 $\begin{pmatrix} 1 & 2 & 1 \\ 2 & 3 & a \\ 1 & a & -8 \end{pmatrix}\begin{pmatrix} x_1 \\ x_2 \\ x_3 \end{pmatrix}=\begin{pmatrix} 1 \\ 3 \\ 0 \end{pmatrix}$ 无解，则 $a=$________.

(6) 设矩阵 $\boldsymbol{B}=\begin{pmatrix}1&2&3\\2&4&t\\3&6&9\end{pmatrix}$，$\boldsymbol{A}$ 为三阶非零矩阵，且满足 $\boldsymbol{AB}=\boldsymbol{0}$，当 $t\neq 6$ 时，矩阵 $\boldsymbol{A}$ 的秩为________.

(7) 设 $\boldsymbol{A}$ 为 4×3 矩阵，矩阵 $\boldsymbol{A}$ 的秩为 2，矩阵 $\boldsymbol{B}=\begin{pmatrix}1&0&2\\6&5&4\\0&0&12\end{pmatrix}$，则矩阵 $\boldsymbol{AB}$ 的秩为________.

(8) 若线性方程组 $\begin{cases}x_1+x_2=-a_1,\\x_2+x_3=a_2,\\x_3+x_4=-a_3,\\x_4+x_1=a_4\end{cases}$ 有解，则常数 a_1,a_2,a_3,a_4 应满足条件________.

三、(8 分) 求 $\lambda\boldsymbol{E}-\boldsymbol{A}$ 的秩，其中 $\lambda=2$，$\boldsymbol{A}=\begin{pmatrix}1&-1&1\\2&4&-2\\-3&-3&5\end{pmatrix}$.

四、求下列矩阵的标准形(每题 8 分，共 2 小题，16 分).

(1) $\boldsymbol{A}=\begin{pmatrix}1&2&3\\3&1&2\\2&1&3\end{pmatrix}$；

(2) $\boldsymbol{A}=\begin{pmatrix}2&3&4&3\\-4&0&8&6\\1&1&-1&-1\end{pmatrix}$.

五、(10 分)设线性方程组中 a_1, a_2, a_3, a_4 互不相等,证明方程组

$$\begin{cases} x_1 + a_1 x_2 + a_1^2 x_3 = a_1^3, \\ x_1 + a_2 x_2 + a_2^2 x_3 = a_2^3, \\ x_1 + a_3 x_2 + a_3^2 x_3 = a_3^3, \\ x_1 + a_4 x_2 + a_4^2 x_3 = a_4^3 \end{cases}$$

无解.

六、(11 分)设

$$\boldsymbol{A} = \begin{pmatrix} 1 & -2 & 3k \\ -1 & 2k & -3 \\ k & -2 & 3 \end{pmatrix},$$

问 k 为何值时,可使(1)$\mathrm{R}(\boldsymbol{A}) = 1$;(2)$\mathrm{R}(\boldsymbol{A}) = 2$;(3)$\mathrm{R}(\boldsymbol{A}) = 3$.

七、(11 分)设$\begin{cases}(2-\lambda)x_1+2x_2-2x_3=1,\\2x_1+(5-\lambda)x_2-4x_3=2,\\-2x_1-4x_2+(5-\lambda)x_3=-\lambda-1,\end{cases}$问$\lambda$为何值时此方程组有唯一解、无解或有无穷多解,并在有无穷多解时求解.

第4章

向量组的线性相关性

4.1 基础模块

4.1.1 向量组及其线性组合

一、填空与单项选择题

1. 设向量组$\boldsymbol{\alpha}_1=\begin{pmatrix}1\\0\\1\end{pmatrix}$,$\boldsymbol{\alpha}_2=\begin{pmatrix}0\\1\\0\end{pmatrix}$,$\boldsymbol{\alpha}_3=\begin{pmatrix}0\\0\\1\end{pmatrix}$,则向量$\boldsymbol{\alpha}=\begin{pmatrix}3\\4\\5\end{pmatrix}$可表示为向量组$\boldsymbol{\alpha}_1,\boldsymbol{\alpha}_2,\boldsymbol{\alpha}_3$的线性组合为________.

2. 已知向量$\boldsymbol{\alpha}_1=\begin{pmatrix}1\\1\\1\end{pmatrix}$,$\boldsymbol{\alpha}_2=\begin{pmatrix}0\\1\\-1\end{pmatrix}$,则向量(　　)可由$\boldsymbol{\alpha}_1,\boldsymbol{\alpha}_2$线性表出.

A. $\begin{pmatrix}1\\8\\9\end{pmatrix}$　　B. $\begin{pmatrix}3\\4\\7\end{pmatrix}$　　C. $\begin{pmatrix}3\\6\\0\end{pmatrix}$　　D. $\begin{pmatrix}1\\0\\1\end{pmatrix}$

二、设向量组$\boldsymbol{\alpha}_1=\begin{pmatrix}a\\2\\10\end{pmatrix}$,$\boldsymbol{\alpha}_2=\begin{pmatrix}-2\\1\\5\end{pmatrix}$,$\boldsymbol{\alpha}_3=\begin{pmatrix}-1\\1\\4\end{pmatrix}$,向量$\boldsymbol{\beta}=\begin{pmatrix}1\\b\\c\end{pmatrix}$,问当$a,b,c$满足什么条件时,向量$\boldsymbol{\beta}$可由向量组$\boldsymbol{\alpha}_1,\boldsymbol{\alpha}_2,\boldsymbol{\alpha}_3$线性表出?

4.1.2 向量组的线性相关性

一、判断题

1. $\boldsymbol{\alpha}_1,\boldsymbol{\alpha}_2,\cdots,\boldsymbol{\alpha}_m$ 线性相关的充要条件是任意$\boldsymbol{\alpha}_i$ 可由其余向量线性表示. (　　)

2. $\boldsymbol{\alpha}_1,\boldsymbol{\alpha}_2,\cdots,\boldsymbol{\alpha}_m$ 线性相关,则有不全为零数 $k_1,k_2,\cdots,k_m$,使 $k_1\boldsymbol{\alpha}_1+k_2\boldsymbol{\alpha}_2+\cdots+k_m\boldsymbol{\alpha}_m=\mathbf{0}$. (　　)

3. $\boldsymbol{\alpha}_1,\boldsymbol{\alpha}_2,\cdots,\boldsymbol{\alpha}_m$ 线性相关,则不存在$\boldsymbol{\alpha}_i$ 可由其他向量线性表示. (　　)

4. 若有不全为零的数 $\lambda_1,\lambda_2,\cdots,\lambda_m$ 使 $\lambda_1\boldsymbol{\alpha}_1+\lambda_2\boldsymbol{\alpha}_2+\cdots+\lambda_m\boldsymbol{\alpha}_m+\lambda_1\boldsymbol{\beta}_1+\lambda_2\boldsymbol{\beta}_2+\cdots+\lambda_m\boldsymbol{\beta}_m=\mathbf{0}$ 成立,则$\boldsymbol{\alpha}_1,\boldsymbol{\alpha}_2,\cdots,\boldsymbol{\alpha}_m$ 线性相关,$\boldsymbol{\beta}_1,\boldsymbol{\beta}_2,\cdots,\boldsymbol{\beta}_m$ 线性相关. (　　)

5. 任意 $n+1$ 个 n 维向量线性相关. (　　)

二、选择题

1. 向量组$\boldsymbol{\alpha}_1,\boldsymbol{\alpha}_2,\cdots,\boldsymbol{\alpha}_m$ 线性无关的充要条件是(　　).

A. $\boldsymbol{\alpha}_1,\boldsymbol{\alpha}_2,\cdots,\boldsymbol{\alpha}_m$ 均不为零向量

B. $\boldsymbol{\alpha}_1,\boldsymbol{\alpha}_2,\cdots,\boldsymbol{\alpha}_m$ 任意两向量对应分量不成比例

C. $\boldsymbol{\alpha}_1,\boldsymbol{\alpha}_2,\cdots,\boldsymbol{\alpha}_m$ 中有一部分向量线性无关

D. $\boldsymbol{\alpha}_1,\boldsymbol{\alpha}_2,\cdots,\boldsymbol{\alpha}_m$ 其中任意向量不能由其余 $m-1$ 个向量线性表示

2. 若$\boldsymbol{\alpha}_1,\boldsymbol{\alpha}_2,\boldsymbol{\alpha}_3,\boldsymbol{\alpha}_4$ 线性相关,而$\boldsymbol{\alpha}_1,\boldsymbol{\alpha}_2,\boldsymbol{\alpha}_4$ 线性无关,则必有(　　).

A. $\boldsymbol{\alpha}_1$ 可由$\boldsymbol{\alpha}_2,\boldsymbol{\alpha}_3$ 线性表示　　B. $\boldsymbol{\alpha}_4$ 可由$\boldsymbol{\alpha}_1,\boldsymbol{\alpha}_2$ 线性表示

C. $\boldsymbol{\alpha}_1,\boldsymbol{\alpha}_2$ 线性相关　　D. $\boldsymbol{\alpha}_3$ 可由$\boldsymbol{\alpha}_1,\boldsymbol{\alpha}_2,\boldsymbol{\alpha}_4$ 线性表示

3. 设$\boldsymbol{\alpha}_1,\boldsymbol{\alpha}_2,\cdots,\boldsymbol{\alpha}_m$ 均为 n 维向量,下列结论正确的是(　　).

A. 若向量组$\boldsymbol{\alpha}_1,\boldsymbol{\alpha}_2,\cdots,\boldsymbol{\alpha}_m$ 线性相关,则$\boldsymbol{\alpha}_1$ 可由$\boldsymbol{\alpha}_1,\boldsymbol{\alpha}_2,\cdots,\boldsymbol{\alpha}_m$ 线性表示

B. 若对任意一组不全为零的数 $k_1,k_2,\cdots,k_m$ 都有 $k_1\boldsymbol{\alpha}_1+k_2\boldsymbol{\alpha}_2+\cdots+k_m\boldsymbol{\alpha}_m\neq\mathbf{0}$,则向量组$\boldsymbol{\alpha}_1,\boldsymbol{\alpha}_2,\cdots,\boldsymbol{\alpha}_m$ 线性无关

C. 若$\boldsymbol{\alpha}_1,\boldsymbol{\alpha}_2,\cdots,\boldsymbol{\alpha}_m$ 线性相关,则对任意一组不全为零的数 $k_1,k_2,\cdots,k_m$ 都有 $k_1\boldsymbol{\alpha}_1+k_2\boldsymbol{\alpha}_2+\cdots+k_m\boldsymbol{\alpha}_m=\mathbf{0}$

D. 若 $0\cdot\boldsymbol{\alpha}_1+0\cdot\boldsymbol{\alpha}_2+\cdots+0\cdot\boldsymbol{\alpha}_m=\mathbf{0}$,则向量组$\boldsymbol{\alpha}_1,\boldsymbol{\alpha}_2,\cdots,\boldsymbol{\alpha}_m$ 线性无关

4. 若$\boldsymbol{\alpha}_1=(1,a,1)^{\mathrm{T}},\boldsymbol{\alpha}_2=(0,a,1)^{\mathrm{T}},\boldsymbol{\alpha}_3=(1,1,1)^{\mathrm{T}}$ 线性相关,则 $a=$ (　　).

A. 1　　B. 0　　C. -1　　D. 2

三、判定向量组$\boldsymbol{\alpha}_1=(3,2,-5)^{\mathrm{T}},\boldsymbol{\alpha}_2=(3,-1,3)^{\mathrm{T}},\boldsymbol{\alpha}_3=(3,5,-13)^{\mathrm{T}}$ 的线性相关性.

四、求常数 c,使$\boldsymbol{\alpha}_1=(c,1,1)^{\mathrm{T}},\boldsymbol{\alpha}_2=(1,c,1)^{\mathrm{T}},\boldsymbol{\alpha}_3=(1,1,c)^{\mathrm{T}}$ 线性无关.

五、试证：如果$\boldsymbol{\alpha}_1,\boldsymbol{\alpha}_2,\boldsymbol{\alpha}_3$线性无关，则$2\boldsymbol{\alpha}_1+\boldsymbol{\alpha}_2,\boldsymbol{\alpha}_2+5\boldsymbol{\alpha}_3,4\boldsymbol{\alpha}_3+3\boldsymbol{\alpha}_1$也线性无关.

4.1.3 向量组的秩

一、填空与单项选择题

1. 已知向量组$\boldsymbol{\alpha}_1,\boldsymbol{\alpha}_2,\cdots,\boldsymbol{\alpha}_s,\boldsymbol{\beta}$的秩与向量组$\boldsymbol{\alpha}_1,\boldsymbol{\alpha}_2,\cdots,\boldsymbol{\alpha}_s$的秩均为$k$，而$\boldsymbol{\alpha}_1,\boldsymbol{\alpha}_2,\cdots,\boldsymbol{\alpha}_s,\boldsymbol{\gamma}$的秩为$k+1$，则$\boldsymbol{\alpha}_1,\boldsymbol{\alpha}_2,\cdots,\boldsymbol{\alpha}_s,\boldsymbol{\beta},\boldsymbol{\gamma}$的秩为________.

2. 设$\boldsymbol{\alpha}_1,\boldsymbol{\alpha}_2,\boldsymbol{\alpha}_3$的秩为3，$\boldsymbol{\beta}=\boldsymbol{\alpha}_1+\boldsymbol{\alpha}_2$，$\boldsymbol{\gamma}=\boldsymbol{\alpha}_1-\boldsymbol{\alpha}_2$，则向量组$\boldsymbol{\beta},\boldsymbol{\gamma}$的秩为________.

3. 下述命题正确的有(　　).

A. $\boldsymbol{\alpha}_1,\cdots,\boldsymbol{\alpha}_m$与$\boldsymbol{\beta}_1,\cdots,\boldsymbol{\beta}_n$等价，则$m=n$

B. $\boldsymbol{\alpha}_1,\cdots,\boldsymbol{\alpha}_m$与$\boldsymbol{\beta}_1,\cdots,\boldsymbol{\beta}_n$秩相同，则必等价

C. $\boldsymbol{\alpha}_1,\cdots,\boldsymbol{\alpha}_m$可由$\boldsymbol{\beta}_1,\cdots,\boldsymbol{\beta}_n$线性表出，则$m\leqslant n$

D. 矩阵$\boldsymbol{A}$的秩为r，则无$r+1$阶非零子式

二、设矩阵$\boldsymbol{A}=\begin{pmatrix}1&2&4&5\\1&3&5&6\\1&4&6&7\\1&5&7&8\end{pmatrix}$，求矩阵$\boldsymbol{A}$的秩，并分别给出矩阵$\boldsymbol{A}$所对应的行向量组、列向量组的一组极大线性无关组.

三、求$\boldsymbol{\alpha}_1=(1,2,3,4)^{\mathrm{T}},\boldsymbol{\alpha}_2=(1,1,1,1)^{\mathrm{T}},\boldsymbol{\alpha}_3=(3,4,5,6)^{\mathrm{T}},\boldsymbol{\alpha}_4=(0,1,0,2)^{\mathrm{T}},\boldsymbol{\alpha}_5=(1,1,0,6)^{\mathrm{T}},\boldsymbol{\alpha}_6=(-1,-1,2,3)^{\mathrm{T}}$的秩及一组极大线性无关组.

4.1.4 线性方程组解的结构

一、填空题

1. 若三元线性方程组 $\boldsymbol{Ax}=\boldsymbol{b}$，满足 $\mathrm{R}(\boldsymbol{A})=\mathrm{R}(\boldsymbol{A},\boldsymbol{b})=2$，且$\boldsymbol{\beta}_1,\boldsymbol{\beta}_2$ 是方程组的两个解，则此方程组的通解为________.

2. 设方程组$\begin{pmatrix} a & 1 & 1 \\ 1 & a & 1 \\ 1 & 1 & a \end{pmatrix}\begin{pmatrix} x_1 \\ x_2 \\ x_3 \end{pmatrix}=\begin{pmatrix} 1 \\ 1 \\ -2 \end{pmatrix}$有无穷多解，则 $a=$________.

二、不定项选择题

1. 已知 $\boldsymbol{Ax}=\boldsymbol{0}$ 有解向量$\boldsymbol{\alpha}_1,\boldsymbol{\alpha}_2,\boldsymbol{\alpha}_3,\boldsymbol{\alpha}_4$，$\boldsymbol{A}$ 为三阶方阵，则(　　).

A. $\boldsymbol{\alpha}_1,\boldsymbol{\alpha}_2,\boldsymbol{\alpha}_3,\boldsymbol{\alpha}_4$ 必线性相关

B. $\boldsymbol{\alpha}_1,\boldsymbol{\alpha}_2,\boldsymbol{\alpha}_3,\boldsymbol{\alpha}_4$ 中至少有一个可由其他三个向量线性表示

C. $\boldsymbol{\alpha}_1,\boldsymbol{\alpha}_2,\boldsymbol{\alpha}_3$线性无关

D. $\boldsymbol{\alpha}_1,\boldsymbol{\alpha}_2,\boldsymbol{\alpha}_3,\boldsymbol{\alpha}_4$ 中任意一个可由其他三个向量线性表示

2. 齐次线性方程组$\begin{cases} \lambda x_1+x_2+x_3=0, \\ x_1+\lambda x_2+x_3=0, \\ x_1+x_2+\lambda x_3=0 \end{cases}$有非零解的充要条件为 $\lambda=$(　　).

A. 1　　B. 0　　C. 1 或-2　　D. -2

3. 齐次线性方程组 $\boldsymbol{A}_{m\times n}\boldsymbol{x}=\boldsymbol{0}$，仅有零解的充要条件是(　　).

A. $\boldsymbol{A}$ 的列向量组线性无关　　B. $\boldsymbol{A}$ 的行向量组线性无关

C. $\boldsymbol{A}$ 的列向量组线性相关　　D. $\boldsymbol{A}$ 的行向量组线性相关

三、求齐次线性方程组$\begin{cases} x_2+3x_3+x_4-x_5=0, \\ x_1-x_2+3x_3-4x_4+2x_5=0, \\ x_1+x_2-x_3+2x_4+x_5=0, \\ x_1-x_3+x_5=0 \end{cases}$的一个基础解系.

四、设向量组$\boldsymbol{\alpha}_1=(a,2,10)^{\mathrm{T}}$，$\boldsymbol{\alpha}_2=(-2,1,5)^{\mathrm{T}}$，$\boldsymbol{\alpha}_3=(-1,1,4)^{\mathrm{T}}$，$\boldsymbol{\beta}=(1,b,c)^{\mathrm{T}}$，试问当$a,b,c$满足什么条件时，

(1) $\boldsymbol{\beta}$可由$\boldsymbol{\alpha}_1,\boldsymbol{\alpha}_2,\boldsymbol{\alpha}_3$线性表示，且表示法唯一.

(2) $\boldsymbol{\beta}$不能由$\boldsymbol{\alpha}_1,\boldsymbol{\alpha}_2,\boldsymbol{\alpha}_3$线性表示.

(3) $\boldsymbol{\beta}$可由$\boldsymbol{\alpha}_1,\boldsymbol{\alpha}_2,\boldsymbol{\alpha}_3$线性表示，但表示法不唯一，并求出一般表达式.

五、(1) 解线性方程组$\begin{cases}4x_1+2x_2-x_3=2,\\3x_1-x_2+2x_3=10,\\11x_1+3x_2=14;\end{cases}$

(2) 求λ，使方程组$\begin{cases}2x_1-x_2+x_3+x_4=1,\\x_1+2x_2-x_3+4x_4=2,\\x_1+7x_2-4x_3+11x_4=\lambda\end{cases}$有解，并在有解情况下求出全部解.

*4.1.5 向量空间

1. 验证向量组$\boldsymbol{\alpha}_1=\begin{pmatrix}1\\1\\1\end{pmatrix}$,$\boldsymbol{\alpha}_2=\begin{pmatrix}1\\1\\0\end{pmatrix}$,$\boldsymbol{\alpha}_3=\begin{pmatrix}1\\0\\0\end{pmatrix}$为 $\mathbf{R}^3$ 的一组基,并求向量$\boldsymbol{\beta}=\begin{pmatrix}2\\4\\-2\end{pmatrix}$在这组基下的坐标.

2. 已知$\boldsymbol{\varepsilon}_1=\begin{pmatrix}1\\0\end{pmatrix}$,$\boldsymbol{\varepsilon}_2=\begin{pmatrix}0\\1\end{pmatrix}$与 $\boldsymbol{e}_1=\begin{pmatrix}1\\1\end{pmatrix}$,$\boldsymbol{e}_2=\begin{pmatrix}-1\\1\end{pmatrix}$分别为 $\mathbf{R}^2$ 的两组基,求基$\boldsymbol{\varepsilon}_1$,$\boldsymbol{\varepsilon}_2$ 到基 $\boldsymbol{e}_1$,$\boldsymbol{e}_2$ 的过渡矩阵;又已知向量$\boldsymbol{\alpha}$ 在基$\boldsymbol{\varepsilon}_1$,$\boldsymbol{\varepsilon}_2$ 下的坐标为$\begin{pmatrix}2\\2\end{pmatrix}$,求向量$\boldsymbol{\alpha}$ 在基 $\boldsymbol{e}_1$,$\boldsymbol{e}_2$ 下的坐标.

4.2 综合训练

一、填空题 设 n 个 $n+1$ 维向量组为$\boldsymbol{\alpha}_1=(1,1,\cdots,1,1)$,$\boldsymbol{\alpha}_2=(a_1,a_2,\cdots,a_n,2)$,$\boldsymbol{\alpha}_3=(a_1^2,a_2^2,\cdots,a_n^2,3)$,$\cdots$,$\boldsymbol{\alpha}_n=(a_1^{n-1},a_2^{n-1},\cdots,a_n^{n-1},n)$且 $a_1,a_2,\cdots,a_n$ 两两不相等,问此向量组线性相关性如何? ________.

二、设齐次线性方程组$\begin{cases} ax_1+bx_2+bx_3+\cdots+bx_n=0 \\ bx_1+ax_2+bx_3+\cdots+bx_n=0 \\ \qquad\vdots \\ bx_1+bx_2+bx_3+\cdots+ax_n=0 \end{cases}$，其中 a,b 互不相等，均不为零，且 $n\geqslant 2$，问当 a,b 取何值时，方程组仅有零解、有无穷多组解？在有无穷多组解时求出全部解.

三、已知齐次线性方程组$\begin{cases}x_1+x_2-x_3=0,\\x_1+2x_2+ax_3=0,\\x_1+4x_2+a^2x_3=0\end{cases}$与非齐次线性方程 $x_1+2x_2+x_3=a-1$ 同解，求 a 的值以及所有公共解.

四、设 η^* 是非齐次线性方程组 $\boldsymbol{Ax}=\boldsymbol{b}$ 的一个解，$\boldsymbol{\xi}_1,\boldsymbol{\xi}_2,\cdots,\boldsymbol{\xi}_{n-r}$ 是对应齐次线性方程组的基础解系，证明：

(1) 非齐次线性方程组的任意两个不同的解线性无关；

(2) $\boldsymbol{\eta}^*,\boldsymbol{\xi}_1,\cdots,\boldsymbol{\xi}_{n-r}$ 线性无关.

4.3 模拟考场

（满分 100 分）

一、填空题(每题 3 分,共 8 小题,24 分)

1. 若向量$\boldsymbol{\alpha}=\begin{pmatrix}1\\a\\2\end{pmatrix}$,$\boldsymbol{\beta}=\begin{pmatrix}2\\4\\b\end{pmatrix}$线性相关,则 $a=$________,$b=$________.

2. 设向量组$\begin{pmatrix}a\\1\\1\end{pmatrix}$,$\begin{pmatrix}0\\b\\1\end{pmatrix}$,$\begin{pmatrix}1\\0\\c\end{pmatrix}$线性无关,则 a,b,c 必满足关系式________.

3. 设矩阵 $\boldsymbol{A}=\begin{pmatrix}1&2&-2\\2&1&2\\3&0&4\end{pmatrix}$,向量$\boldsymbol{\alpha}=\begin{pmatrix}a\\1\\1\end{pmatrix}$,已知向量 $\boldsymbol{A\alpha}$ 与向量$\boldsymbol{\alpha}$ 线性相关,则 $a=$________.

4. 设 n 阶方阵 $\boldsymbol{A}$ 的各行元素之和为零,且秩为 $n-1$,则线性方程组 $\boldsymbol{Ax}=\boldsymbol{0}$ 的通解为________.

5. 设$\boldsymbol{\eta}_1,\boldsymbol{\eta}_2,\cdots,\boldsymbol{\eta}_n$ 是 $\boldsymbol{Ax}=\boldsymbol{b}$ 的 n 个解,则当 $k_1,k_2,\cdots,k_n$ 满足________时,$k_1\boldsymbol{\eta}_1+k_2\boldsymbol{\eta}_2+\cdots+k_n\boldsymbol{\eta}_n$ 也是 $\boldsymbol{Ax}=\boldsymbol{b}$ 的解.

6. 齐次线性方程 $x_1+2x_2+\cdots+nx_n=0$ 的基础解系含有解向量的个数为________.

7. 设 $\boldsymbol{A}$ 为 $m\times n$ 矩阵,齐次线性方程组 $\boldsymbol{Ax}=\boldsymbol{0}$ 只有零解的充要条件是矩阵 $\boldsymbol{A}$ 的________向量组线性无关.

8. 若 a_1,a_2,a_3 是某齐次线性方程组的一个基础解系,问 a_1+a_2,a_2+a_3,a_3+a_1 是否也为它的基础解系,答________.

二、单项选择题(每题 4 分,共 4 小题,16 分)

1. 若 n 元线性方程组 $\boldsymbol{Ax}=\boldsymbol{0}$ 的通解为 $k(1,1,\cdots,1)^{\mathrm{T}}$,则矩阵 $\boldsymbol{A}$ 的秩为(　　).

A. 1　　B. $n-1$　　C. n　　D. 以上均不是

2. 设$\boldsymbol{\eta}_1,\boldsymbol{\eta}_2,\boldsymbol{\eta}_3$ 是 $\boldsymbol{Ax}=\boldsymbol{b}(\boldsymbol{b}\neq\boldsymbol{0})$的解向量,则(　　)也是 $\boldsymbol{Ax}=\boldsymbol{b}$ 的解向量.

A. $3\boldsymbol{\eta}_1+2\boldsymbol{\eta}_2+\boldsymbol{\eta}_3$　　B. $\boldsymbol{\eta}_1+2\boldsymbol{\eta}_2+\boldsymbol{\eta}_3$　　C. $\boldsymbol{\eta}_1+\boldsymbol{\eta}_2-\boldsymbol{\eta}_3$　　D. $\boldsymbol{\eta}_1+\boldsymbol{\eta}_2-3\boldsymbol{\eta}_3$

3. 若 n 元线性方程组 $\boldsymbol{Ax}=\boldsymbol{b}$ 的增广矩阵的秩小于 n,则方程组 $\boldsymbol{Ax}=\boldsymbol{b}$ 有(　　).

A. 无穷多组解　　B. 唯一解　　C. 无解　　D. 不确定

4. 设线性方程组$\begin{cases}x_1+a_1x_2+a_1^2x_3=a_1^3,\\x_1+a_2x_2+a_2^2x_3=a_2^3,\\x_1+a_3x_2+a_3^2x_3=a_3^3,\\x_1+a_4x_2+a_4^2x_3=a_4^3,\end{cases}$若 a_1,a_2,a_3,a_4 两两不同,则此方程组(　　).

A. 有无穷多解　　B. 有唯一解　　C. 无解　　D. 不确定

三、(9 分)解线性方程组$\begin{cases}2x_1-x_2+3_1x_3+2x_4=6,\\3x_1-3x_2+3x_3+2x_4=5,\\3x_1-x_2-x_3+2x_4=3,\\3x_1-x_2+3x_3-x_4=4.\end{cases}$

四、(14 分)解线性方程组$\begin{cases}ax+by+2z=1,\\ax+(2b-1)y+3z=1,\\ax+by+(b+3)z=2b-1\end{cases}$ $(a\neq 0)$并讨论解的情况.(仅在有无穷多组解时求出解)

*五、(7 分)证明 $\boldsymbol{A}$ 为 n 阶方阵,则 $\boldsymbol{Ax}=\boldsymbol{0}$ 有非零解当且仅当有非零 n 阶矩阵 $\boldsymbol{B}$ 使 $\boldsymbol{AB}=\boldsymbol{0}$.

六、(7 分)已知 4 元非齐次线性方程组的系数矩阵秩为 3,$\boldsymbol{\eta}_1,\boldsymbol{\eta}_2,\boldsymbol{\eta}_3$ 为 3 个解向量,且 $\boldsymbol{\eta}_1=\begin{pmatrix}1\\1\\1\\1\end{pmatrix}$,$2\boldsymbol{\eta}_2+\boldsymbol{\eta}_3=\begin{pmatrix}1\\0\\0\\0\end{pmatrix}$,求通解.

七、(9 分)已知向量$\boldsymbol{\alpha}=(0,1,0)^{\mathrm{T}}$,$\boldsymbol{\beta}=(-3,2,2)^{\mathrm{T}}$ 是线性方程组$\begin{cases}x_1-x_2+2x_3=-1,\\3x_1+x_2+4x_3=1,\\ax_1+bx_2+cx_3=d\end{cases}$的两个解,求此方程组通解.

*八、(14 分) 设向量组 $A:\boldsymbol{\alpha}_1=\begin{pmatrix}1\\1\\1\end{pmatrix}$,$\boldsymbol{\alpha}_2=\begin{pmatrix}1\\1\\0\end{pmatrix}$,$\boldsymbol{\alpha}_3=\begin{pmatrix}1\\0\\0\end{pmatrix}$与向量组 $B:\boldsymbol{\beta}_1=\begin{pmatrix}1\\1\\3\end{pmatrix}$,$\boldsymbol{\beta}_2=\begin{pmatrix}5\\2\\2\end{pmatrix}$,$\boldsymbol{\beta}_3=\begin{pmatrix}1\\3\\11\end{pmatrix}$是 $\mathbf{R}^3$ 中的两组基,求基$\boldsymbol{\alpha}_1,\boldsymbol{\alpha}_2,\boldsymbol{\alpha}_3$ 到基$\boldsymbol{\beta}_1,\boldsymbol{\beta}_2,\boldsymbol{\beta}_3$ 的过渡矩阵,并求在两组基下坐标相同的向量.

第5章

相似矩阵及二次型

5.1 基础模块

5.1.1 向量的内积、长度及正交性

一、填空题

1. 已知向量$\boldsymbol{\alpha}=(1,-2,2)^{\mathrm{T}}$，$\boldsymbol{\beta}=(2,2,-1)^{\mathrm{T}}$，则$\boldsymbol{\alpha}$，$\boldsymbol{\beta}$的内积为________，$\boldsymbol{\alpha}$，$\boldsymbol{\beta}$的夹角余弦为________.

2. 已知$\boldsymbol{\alpha}=(2,0,-5,-1)^{\mathrm{T}}$，则$\|\boldsymbol{\alpha}\|=$________.

3. 当$\boldsymbol{A}$为正交阵时，$|\boldsymbol{A}|=$________.

4. 当$x=$________时，$\boldsymbol{A}=\begin{pmatrix} x & \frac{4}{13} & -4x \\ \frac{4}{13} & -4x & -\frac{3}{13} \\ \frac{12}{13} & x & \frac{4}{13} \end{pmatrix}$为正交矩阵.

5. 设$\boldsymbol{A}$为4阶正交矩阵，且$\boldsymbol{A}=(\boldsymbol{\alpha}_1,\boldsymbol{\alpha}_2,\boldsymbol{\alpha}_3,\boldsymbol{\alpha}_4)$，$\boldsymbol{A}^{\mathrm{T}}=\begin{pmatrix} \boldsymbol{\alpha}_1^{\mathrm{T}} \\ \boldsymbol{\alpha}_2^{\mathrm{T}} \\ \boldsymbol{\alpha}_3^{\mathrm{T}} \\ \boldsymbol{\alpha}_4^{\mathrm{T}} \end{pmatrix}$，则$\boldsymbol{\alpha}_i^{\mathrm{T}}\boldsymbol{\alpha}_j=$________.

二、已知$\boldsymbol{\alpha}_1=\left(\frac{1}{2},\frac{1}{2},\frac{1}{2},\frac{1}{2}\right)^{\mathrm{T}}$，$\boldsymbol{\alpha}_2=\left(\frac{1}{2},\frac{1}{2},-\frac{1}{2},-\frac{1}{2}\right)^{\mathrm{T}}$. 求$\boldsymbol{\alpha}_3$，$\boldsymbol{\alpha}_4$使得$\boldsymbol{\alpha}_1$，$\boldsymbol{\alpha}_2$，$\boldsymbol{\alpha}_3$，$\boldsymbol{\alpha}_4$为正交向量组.

三、判断下列矩阵是否为正交矩阵.

(1) $\boldsymbol{Q}=\begin{pmatrix}\frac{\sqrt{3}}{2} & -\frac{1}{2}\\ \frac{1}{2} & \frac{\sqrt{3}}{2}\end{pmatrix}$；(2) $\boldsymbol{Q}=\begin{pmatrix}\frac{1}{9} & -\frac{8}{9} & -\frac{4}{9}\\ -\frac{8}{9} & \frac{1}{9} & -\frac{4}{9}\\ -\frac{4}{9} & -\frac{4}{9} & \frac{7}{9}\end{pmatrix}$；(3) $\boldsymbol{Q}=\begin{pmatrix}1 & -\frac{1}{2} & \frac{1}{3}\\ -\frac{1}{2} & 1 & \frac{1}{2}\\ \frac{1}{3} & \frac{1}{2} & -1\end{pmatrix}$.

5.1.2 方阵的特征值与特征向量

一、填空题

1. 已知三阶方阵 $\boldsymbol{A}$ 的三个特征值为 $1,-2,3$，则 $|\boldsymbol{A}|=$________；$\boldsymbol{A}^{-1}$ 的特征值为________；$\boldsymbol{A}^2+2\boldsymbol{A}+\boldsymbol{E}$ 的特征值为________.

2. 若矩阵 $\boldsymbol{A}^2=\boldsymbol{A}$，则 $\boldsymbol{A}$ 的特征值为________.

3. 设实对称矩阵 $\boldsymbol{A}$ 的特征值只能是 1 和 -1，则 $|\boldsymbol{A}^2|=$________.

4. 已知三阶方阵 $\boldsymbol{A}$ 的两个特征值为 $-2,3$，又知 $|\boldsymbol{A}|=48$，则另外一个特征值为________.

5. 矩阵 $\begin{pmatrix}0 & -2 & -2\\ 2 & 2 & -2\\ -2 & -2 & 2\end{pmatrix}$ 的非零特征值为________.

二、判断题

1. 零向量必为方阵的特征向量. (　　)

2. 特征值之和总是等于行列式的值，而特征值之积总是等于该矩阵主对角线之和. (　　)

3. 对应不同特征值的特征向量必线性无关,对应同一特征值的特征向量必线性相关. ( )

4. 如果矩阵的某个特征值为重根,则该特征值对应的特征向量必线性相关. ( )

5. 如果矩阵的某个特征值为重根,重数为 r,则该特征值必有 r 个线性无关的特征向量. ( )

三、选择题

1. 设 $\boldsymbol{A}=\begin{pmatrix}1&1&0\\1&0&1\\0&1&1\end{pmatrix}$,则 $\boldsymbol{A}$ 的特征值为( ).

A. 1,0,1　　B. 1,1,2　　C. −1,1,2　　D. 1,−1,1

2. 若 n 阶方阵 $\boldsymbol{A}$ 的特征值均不为零,则 $\boldsymbol{A}$ 必然为( ).

A. 正交矩阵　　B. 奇异矩阵　　C. 满秩矩阵　　D. 不可逆矩阵

四、求方阵 $\boldsymbol{A}$ 的特征值与特征向量,其中 $\boldsymbol{A}=\begin{pmatrix}1&2&3\\2&1&3\\3&3&6\end{pmatrix}$.

五、证明:若 λ 是 n 阶可逆矩阵 $\boldsymbol{A}$ 的特征值,则 λ^{-1} 是 $\boldsymbol{A}^{-1}$ 的特征值,$\dfrac{|\boldsymbol{A}|}{\lambda}$ 是 $\boldsymbol{A}^{*}$ 的特征值.

5.1.3 相似矩阵

一、简答题

对 n 阶方阵 $\boldsymbol{A}$,若存在可逆矩阵 $\boldsymbol{P}$,使得 $\boldsymbol{P}^{-1}\boldsymbol{A}\boldsymbol{P}=\boldsymbol{\Lambda}=\begin{pmatrix}\lambda_1&&&\\&\lambda_2&&\\&&\ddots&\\&&&\lambda_n\end{pmatrix}$,则称矩阵 $\boldsymbol{A}$ 可以相似对角化,指出矩阵的列向量与 $\boldsymbol{\Lambda}$ 的对角线上元素之间的关系.

二、填空题

1. 若方阵 $\boldsymbol{A}$ 与对角阵 $\begin{pmatrix}1&&&\\&2&&\\&&\ddots&\\&&&n\end{pmatrix}$ 相似，则 $\boldsymbol{A}^{-1}$ 与________相似.

2. 若 4 阶矩阵 $\boldsymbol{A}$ 与 $\boldsymbol{B}$ 相似，矩阵 $\boldsymbol{A}$ 的特征值为 $\frac{1}{2},\frac{1}{3},\frac{1}{4},\frac{1}{5}$，则行列式 $|\boldsymbol{B}^{-1}-\boldsymbol{E}|=$________.

三、不定项选择题

1. n 阶方阵 $\boldsymbol{A}$ 具有 n 个不同特征值是 $\boldsymbol{A}$ 与对角阵相似的（　　）.

A. 充要条件　　B. 充分非必要条件

C. 必要而非充分条件　　D. 既非充分也非必要条件

2. 若方阵 $\boldsymbol{A}$ 与 $\boldsymbol{B}$ 相似，则下述命题成立的是（　　）.

A. $|\boldsymbol{A}|=|\boldsymbol{B}|$　　B. $\mathrm{R}(\boldsymbol{A})=\mathrm{R}(\boldsymbol{B})$

C. 有相同的特征多项式　　D. 有相同的特征值

E. 有相同的特征向量

四、验证矩阵 $\boldsymbol{A}=\begin{pmatrix}1&0&2\\0&1&4\\\frac{13}{2}&-\frac{7}{2}&3\end{pmatrix}$ 不能相似对角化.

五、设 $\boldsymbol{A}=\begin{pmatrix}x&0&2\\0&-1&0\\0&4&2\end{pmatrix}$ 与 $\boldsymbol{\Lambda}=\begin{pmatrix}1&0&0\\0&y&0\\0&0&-1\end{pmatrix}$ 相似，则 $x=$________，$y=$________.

5.1.4 对称矩阵的对角化

一、填空题

1. 对称矩阵对应不同特征值的特征向量必________.

2. 已知矩阵 $\boldsymbol{A}=\begin{pmatrix}2&1\\1&2\end{pmatrix}$，如果 $\boldsymbol{A}$ 与对角矩阵相似，则相似对角矩阵为________.

二、设 $\boldsymbol{A}=\begin{pmatrix}2 & -2 & 0\\ -2 & 1 & -2\\ 0 & -2 & 0\end{pmatrix}$,求正交矩阵 $\boldsymbol{P}$,使得 $\boldsymbol{P}^{-1}\boldsymbol{AP}$ 为对角矩阵.

三、试求一个正交矩阵,将对称矩阵 $\boldsymbol{A}=\begin{pmatrix}2 & 2 & -2\\ 2 & 5 & -4\\ -2 & -4 & 5\end{pmatrix}$化为对角矩阵.

四、若三阶实对称矩阵有三个不同的特征值，已知其中两个特征值所对应的特征向量分别为 $\boldsymbol{p}_1=(1,1,-1)^{\mathrm{T}}$，$\boldsymbol{p}_2=(1,0,1)^{\mathrm{T}}$，求另外一个特征值所对应的特征向量.

5.1.5 二次型及其标准形

一、填空题

1. 二次型 $f=x_1^2+4x_1x_2+4x_2^2+2x_1x_3+x_3^2+4x_2x_3$ 用矩阵记号可表示为________，其二次型的秩为________.

2. 二次型 $f(x_1,x_2,x_3)=(x_1+x_2)^2+(x_2-x_3)^2+(x_3+x_1)^2$ 的秩为________.

3. 若实对称矩阵 $\boldsymbol{A}$ 与矩阵 $\begin{pmatrix} 14 & & \\ & -31 & \\ & & 2 \end{pmatrix}$ 合同，则二次型 $f=\boldsymbol{x}^{\mathrm{T}}\boldsymbol{A}\boldsymbol{x}$ 的规范形为________.

二、计算题

1. 写出对应矩阵 $\boldsymbol{A}=\begin{pmatrix} 1 & 2 & -1 \\ 2 & 0 & 0 \\ -1 & 0 & 1 \end{pmatrix}$ 的二次型 $Q(\boldsymbol{x})=\boldsymbol{x}^{\mathrm{T}}\boldsymbol{A}\boldsymbol{x}$，其中 $\boldsymbol{x}=\begin{pmatrix} x_1 \\ x_2 \\ x_3 \end{pmatrix}$.

2. 求矩阵 $\boldsymbol{A}$，使二次型 $Q(\boldsymbol{x})=4x_1^2+2x_2^2+6x_3^2-2x_1x_2+4x_2x_3$ 表示为 $\boldsymbol{x}^{\mathrm{T}}\boldsymbol{A}\boldsymbol{x}$ 的形式. 并求当 $\boldsymbol{x}=\begin{pmatrix} 1 \\ 0 \\ -1 \end{pmatrix}$ 时，$Q(\boldsymbol{x})$ 的值.

三、用正交变换将二次型 $f=2x_1^2+5x_2^2+5x_3^2+4x_1x_2-4x_1x_3-8x_2x_3$ 化为标准形.

5.1.6 用配方法化二次型成标准形

(1) $x_1^2+x_2^2+2x_3^2+x_1x_2+x_1x_3-x_2x_3$;

(2) $x_1x_2+x_1x_3-x_2x_3$;

(3) $x_2^2+5x_3^2+2x_1x_2+2x_1x_3-2x_2x_3$.

5.1.7 正定二次型

一、填空题

1. 实二次型 $f(x_1,x_2,x_3,x_4)=-x_1^2+2x_2^2+3x_3^2-2x_4^2$ 的秩为________,正惯性指标为________,负惯性指标为________,符号差为________.

2. 设实二次型 $f(x_1,x_2,x_3)=x_3^2-5x_1x_2$,则负惯性指标为________.

3. 当 t 为________时,二次型 $f=x^2+4y^2+2z^2+2txy+2xz$ 为正定二次型.

二、判断下列二次型的正定性.

(1) $x_1^2+2x_2^2+4x_3^2+x_1x_2-3x_1x_3+x_2x_3$;

(2) $x_1x_2-x_1x_3+x_2x_3$.

三、证明：实对称矩阵 $\boldsymbol{A}$ 正定的充分必要条件是存在可逆矩阵 $\boldsymbol{U}$，使得 $\boldsymbol{A}=\boldsymbol{U}^{\mathrm{T}}\boldsymbol{U}$.

5.2 综合训练

一、填空题

1. $\boldsymbol{A}$ 是 n 阶方阵，$\boldsymbol{A}$ 的特征多项式为 $f(\lambda)=|\boldsymbol{A}-\lambda\boldsymbol{E}|=a_0\lambda^n+a_1\lambda^{n-1}+\cdots+a_n$，则 $a_0=$________，$a_n=$________.

2. 已知实二次型 $f(x_1,x_2,x_3)=a(x_1^2+x_2^2+x_3^2)+4x_1x_2+4x_1x_3+4x_2x_3$，经过正交变换 $\boldsymbol{x}=\boldsymbol{C}\boldsymbol{y}$，可化为标准形 $f=6y_1^2$，则 $a=$________.

3. 设 n 阶矩阵 $\boldsymbol{A}$ 的元素全为 1，则 $\boldsymbol{A}$ 的 n 个特征值是________.

4. 设 $\boldsymbol{A}$ 为 n 阶矩阵，$|\boldsymbol{A}|\neq 0$，$\boldsymbol{A}^*$ 为 $\boldsymbol{A}$ 的伴随矩阵，$\boldsymbol{E}$ 为 n 阶单位矩阵，若 $\boldsymbol{A}$ 有特征值 λ，则 $(\boldsymbol{A}^*)^2+\boldsymbol{E}$ 必有特征值________.

5. 下述命题正确的是(　　).

A. 正交阵的逆阵是正交阵　　B. 同阶正交阵之和是正交阵

C. 同阶正交阵之积是正交阵　　D. 单位阵是正交阵

二、判断题

1. 若 $|\boldsymbol{A}|=0$，则 $\boldsymbol{A}$ 有一个特征值为 0.　　(　　)

2. 设 $\boldsymbol{A}$ 是三阶矩阵，有特征值 $1,-2,4$，则矩阵 $2\boldsymbol{E}-\boldsymbol{A}$ 是满秩的.　　(　　)

3. 设 $\boldsymbol{A}$ 与单位矩阵 $\boldsymbol{E}$ 相似，则 $\boldsymbol{A}$ 必为单位矩阵.　　(　　)

4. 若 λ 为矩阵 $\boldsymbol{A}$ 和 $\boldsymbol{B}$ 的共同特征值，且 λ 分别对应矩阵 $\boldsymbol{A}$ 和 $\boldsymbol{B}$ 的特征向量中有两个线性无关的向量，则 λ 为矩阵 $\boldsymbol{A}+\boldsymbol{B}$ 的特征值(　　).

5. 若矩阵 $\boldsymbol{A}$，$\boldsymbol{B}$ 均为 n 阶正交矩阵，则 $\boldsymbol{A}-\boldsymbol{B}$ 也是正交矩阵.　　(　　)

三、单项选择题

1. 设 n 阶可逆矩阵 $\boldsymbol{A}$ 有一个特征值为 2，对应的特征向量为 $\boldsymbol{x}$，则下列等式中不正确的是(　　).

A. $\boldsymbol{A}\boldsymbol{x}=2\boldsymbol{x}$　　B. $\boldsymbol{A}^{-1}\boldsymbol{x}=\frac{1}{2}\boldsymbol{x}$　　C. $\boldsymbol{A}^{-1}\boldsymbol{x}=2\boldsymbol{x}$　　D. $\boldsymbol{A}^2\boldsymbol{x}=4\boldsymbol{x}$

2. n 阶矩阵 $\boldsymbol{A}$ 有 n 个不同的特征值是 $\boldsymbol{A}$ 与对角阵相似的(　　).

A. 充分必要条件　　B. 充分但不是必要的条件

C. 必要但不是充分的条件　　D. 既非充分也不必要的条件

3. 设三阶方阵 $\boldsymbol{A}$ 的特征值为 $1,2,-1$，$\boldsymbol{B}=\boldsymbol{A}^3-2\boldsymbol{A}^2-\boldsymbol{A}+2\boldsymbol{E}$，则 $\boldsymbol{B}$ 是(　　).

A. 满秩阵　　B. $R(\boldsymbol{B})=2$　　C. $R(\boldsymbol{B})=1$　　D. $\boldsymbol{B}=\boldsymbol{0}$

4. 设 n 阶矩阵 $\boldsymbol{A}$ 满足 $\boldsymbol{A}^2=\boldsymbol{E}$，$\boldsymbol{E}$ 是 n 阶单位矩阵，则(　　).

A. $|\boldsymbol{E}-\boldsymbol{A}|=0$，或 $|\boldsymbol{E}+\boldsymbol{A}|=0$　　B. $|\boldsymbol{E}-\boldsymbol{A}|=0$，但 $|\boldsymbol{E}+\boldsymbol{A}|\neq 0$

C $|\boldsymbol{E}-\boldsymbol{A}|=0$，且 $|\boldsymbol{E}+\boldsymbol{A}|=0$　　D. $|\boldsymbol{E}-\boldsymbol{A}|\neq 0$，且 $|\boldsymbol{E}+\boldsymbol{A}|\neq 0$

5. 下列向量组是 $\mathbf{R}^2$ 的标准正交基的是(　　).

A. $\left(\frac{\sqrt{3}}{2},\frac{1}{2}\right)^{\mathrm{T}},\left(\frac{1}{2},\frac{\sqrt{3}}{2}\right)^{\mathrm{T}}$　　B. $(-1,2)^{\mathrm{T}},(2,1)^{\mathrm{T}}$

C. $\left(\frac{2}{\sqrt{5}},\frac{1}{\sqrt{5}}\right)^{\mathrm{T}},\left(-\frac{1}{\sqrt{5}},\frac{2}{\sqrt{5}}\right)^{\mathrm{T}}$　　D. $(\cos\theta,\sin\theta)^{\mathrm{T}},(\sin\theta,\cos\theta)^{\mathrm{T}}$

6. 设 λ_1,λ_2 是矩阵 $\boldsymbol{A}$ 的两个不同的特征值，对应的特征向量分别为 $\boldsymbol{\alpha}_1,\boldsymbol{\alpha}_2$，则 $\boldsymbol{\alpha}_1$，$\boldsymbol{A}(\boldsymbol{\alpha}_1+\boldsymbol{\alpha}_2)$ 线性无关的充分必要条件是(　　).

A. $\lambda_1\neq 0$　　B. $\lambda_2\neq 0$　　C. $\lambda_1=0$　　D. $\lambda_2=0$

7. 非零向量组 $\boldsymbol{\alpha}_1,\boldsymbol{\alpha}_2,\cdots,\boldsymbol{\alpha}_n$ 线性无关是该向量组正交的(　　)条件.

A. 充分但不必要　　B. 必要但不充分　　C. 充要　　D. 无关

四、设 $\boldsymbol{x}$ 为 n 维列向量，$\boldsymbol{x}^{\mathrm{T}}\boldsymbol{x}=1$，$\boldsymbol{H}=\boldsymbol{E}-2\boldsymbol{x}\boldsymbol{x}^{\mathrm{T}}$，试证 $\boldsymbol{H}$ 是对称正交矩阵.

五、证明若 n 阶方阵 $\boldsymbol{A},\boldsymbol{B}$ 相似，$f(x)$ 为多项式，证明 $f(\boldsymbol{A})$ 与 $f(\boldsymbol{B})$ 相似.

六、对应于矩阵 $\boldsymbol{A}$ 的特征值 $\lambda_1=1,\lambda_2=5,\lambda_3=-5$ 的特征向量分别为 $\boldsymbol{x}_1=\begin{pmatrix}1\\0\\0\end{pmatrix}$，$\boldsymbol{x}_2=\begin{pmatrix}1\\1\\0\end{pmatrix}$，$\boldsymbol{x}_3=\begin{pmatrix}1\\1\\1\end{pmatrix}$，求 $\boldsymbol{A}^{100}$.

七、设矩阵$\boldsymbol{A}=\begin{pmatrix}3&2&2\\2&3&2\\2&2&3\end{pmatrix}$，$\boldsymbol{P}=\begin{pmatrix}0&1&0\\1&0&1\\0&0&1\end{pmatrix}$，$\boldsymbol{B}=\boldsymbol{P}^{-1}\boldsymbol{A}^{*}\boldsymbol{P}$，求$\boldsymbol{B}+2\boldsymbol{E}$的特征值与特征向量，其中$\boldsymbol{A}^{*}$为$\boldsymbol{A}$的伴随矩阵，$\boldsymbol{E}$为三阶单位矩阵.

八、设$\boldsymbol{A}$为三阶矩阵，$\boldsymbol{\alpha}_1,\boldsymbol{\alpha}_2$为$\boldsymbol{A}$的分别属于特征值$-1,1$的特征向量，向量$\boldsymbol{\alpha}_3$满足$\boldsymbol{A}\boldsymbol{\alpha}_3=\boldsymbol{\alpha}_2+\boldsymbol{\alpha}_3$.

（1）证明$\boldsymbol{\alpha}_1,\boldsymbol{\alpha}_2,\boldsymbol{\alpha}_3$线性无关；

（2）令$\boldsymbol{P}=(\boldsymbol{\alpha}_1,\boldsymbol{\alpha}_2,\boldsymbol{\alpha}_3)$，求$\boldsymbol{P}^{-1}\boldsymbol{A}\boldsymbol{P}$.

九、设三阶实对称矩阵 $\boldsymbol{A}$ 的特征值分别为 $\lambda_1=1,\lambda_2=2,\lambda_3=-2$，$\boldsymbol{\alpha}_1=(1,-1,1)^{\mathrm{T}}$ 是 $\boldsymbol{A}$ 的属于 λ_1 的一个特征向量. 记 $\boldsymbol{B}=\boldsymbol{A}^5-4\boldsymbol{A}^3+\boldsymbol{E}$，其中 $\boldsymbol{E}$ 为三阶单位矩阵.

(1) 验证 $\boldsymbol{\alpha}_1$ 是矩阵 $\boldsymbol{B}$ 的特征向量，并求 $\boldsymbol{B}$ 的全部特征值与特征向量；

(2) 求矩阵 $\boldsymbol{B}$.

十、已知矩阵 $\boldsymbol{A}=\begin{pmatrix}1 & a & -3\\ -1 & 4 & -3\\ 1 & -2 & 5\end{pmatrix}$ 的特征方程有重根，试求出 a 的一切可能值，并分别说明 a 取各可能值时 $\boldsymbol{A}$ 能否相似对角化的理由.

5.3 模拟考场

（满分 100 分）

一、填空题（每题 2 分，共 10 小题，20 分）

1. 设向量$\begin{pmatrix}1\\2\\3\end{pmatrix}$与向量$\begin{pmatrix}-1\\a\\1\end{pmatrix}$的内积为 5，则 $a=$________.

2. 设向量$\begin{pmatrix}1\\a\\3\end{pmatrix}$的长度为 7，则 $a=$________.

3. 已知 $\boldsymbol{A}=\begin{pmatrix}1&-2&-1\\2&2&0\\-1&0&x\end{pmatrix}$有一特征值为 0，则 $x=$________.

4. 设 $\boldsymbol{A}$ 为二阶矩阵，$\boldsymbol{\alpha}_1,\boldsymbol{\alpha}_2$ 为线性无关的二维列向量，且 $\boldsymbol{A}\boldsymbol{\alpha}_1=\boldsymbol{0},\boldsymbol{A}\boldsymbol{\alpha}_2=2\boldsymbol{\alpha}_1+\boldsymbol{\alpha}_2$，则 $\boldsymbol{A}$ 的非零特征值为________.

5. 已知三阶方阵 $\boldsymbol{A}$ 的特征值为 1，−1，2，则 $\boldsymbol{B}=\boldsymbol{A}^3-5\boldsymbol{A}^2$ 的特征值为________.

6. 已知$\begin{pmatrix}a&\frac{1}{\sqrt{2}}&0\\\frac{1}{\sqrt{2}}&b&0\\0&0&1\end{pmatrix}$为正交矩阵，则 $a=$________，$b=$________ .

7. 若二次型 $f=x_1^2+4x_2^2+4x_3^2+2\lambda x_1x_2-2x_1x_3+4x_2x_3$ 正定，则 λ 的取值范围是________.

8. 若 λ 为 $\boldsymbol{A}$ 的特征值，$\boldsymbol{P}$ 可逆，则 $\boldsymbol{P}^{-1}\boldsymbol{AP}$ 有特征值为________.

9. 二次型 $\boldsymbol{X}^{\mathrm{T}}\begin{pmatrix}1&3\\1&2\end{pmatrix}\boldsymbol{X}$ 所对应的矩阵为________.

二、单项选择题（每题 4 分，共 5 小题，20 分）

1. 若 $\boldsymbol{A}$ 和 $\boldsymbol{P}$ 都是 n 阶可逆矩阵，且 $\boldsymbol{P}^{-1}\boldsymbol{AP}=\boldsymbol{B},\boldsymbol{P}^{\mathrm{T}}\boldsymbol{AP}=\boldsymbol{C}$ ，则必有（　　）.

A. $\boldsymbol{B}^{-1}=\boldsymbol{A}^{-1}$　　B. $\boldsymbol{B}$ 与 $\boldsymbol{C}$ 的特征值相同

C. $\boldsymbol{C}^{\mathrm{T}}=\boldsymbol{A}^{\mathrm{T}}$　　D. $\boldsymbol{B}$ 与 $\boldsymbol{A}$ 的特征值相同

2. 二次型 $f=2\sum\limits_{i=1}^{n}x_i^2+2\sum\limits_{1\leqslant i\leqslant j\leqslant n}x_ix_j$ 是（　　）.

A. 正定二次型　　B. 负定二次型

C. 半正定二次型　　D. 非正定非负定二次型

3. 设三阶方阵 $\boldsymbol{A}$ 的特征值分别为 1，−1，2，则 $|\boldsymbol{A}-5\boldsymbol{E}|=$（　　）.

A. 72　　B. −72

C. 28　　D. 条件不充分

4. 下列不可以对角化的矩阵是(　　).

A. 实对称矩阵

B. 有 n 个互异特征值的 n 阶方阵

C. 有 n 个线性无关的特征向量的 n 阶方阵

D. 少于 n 个线性无关的特征向量的 n 阶方阵

5. 设矩阵 $\boldsymbol{A}=\begin{pmatrix} 2 & -1 & -1 \\ -1 & 2 & -1 \\ -1 & -1 & 2 \end{pmatrix}$, $\boldsymbol{B}=\begin{pmatrix} 1 & 0 & 0 \\ 0 & 1 & 0 \\ 0 & 0 & 0 \end{pmatrix}$,则 $\boldsymbol{A}$ 与 $\boldsymbol{B}$(　　).

A. 合同且相似　　　　B. 合同但不相似

C. 不合同但相似　　　　D. 既不合同也不相似

三、证明题(每题 6 分,共 3 小题,18 分)

1. 若 $\boldsymbol{A}$ 为 n 阶方阵,且 $\boldsymbol{A}^2-2\boldsymbol{A}-3\boldsymbol{E}=\boldsymbol{0}$,证明 $\boldsymbol{A}$ 的特征值为 -1 或 3.

2. 若 $\boldsymbol{A},\boldsymbol{B}$ 都是 n 阶可逆方阵,证明:若 $\boldsymbol{A}$ 与 $\boldsymbol{B}$ 相似,则 $\boldsymbol{A}^{-1}$ 与 $\boldsymbol{B}^{-1}$ 相似.

四、(10 分)设 $\boldsymbol{A}=\begin{pmatrix} 4 & 6 & 0 \\ -3 & -5 & 0 \\ -3 & -6 & 1 \end{pmatrix}$,求 $\boldsymbol{A}^{50}$.

五、(8 分)设三阶实对称矩阵 $\boldsymbol{A}$ 特征值为 $\lambda_1=1,\lambda_2=0,\lambda_3=-1$,对应的特征向量依次为 $\boldsymbol{\xi}_1=(1,2,2)^{\mathrm{T}},\boldsymbol{\xi}_2=(2,-2,1)^{\mathrm{T}},\boldsymbol{\xi}_3=(-2,-1,2)^{\mathrm{T}}$,求矩阵 $\boldsymbol{A}$.

六、(10 分)用正交变换法化二次型 $4x_2^2-3x_3^2+4x_1x_2-4x_1x_3+8x_2x_3$ 成标准形,写出相应的正交矩阵,并指出其规范形.

七、证明题(第 1 题 7 分,第 2 题 7 分,共 14 分)

1. 若 $\boldsymbol{A},\boldsymbol{B},\boldsymbol{C}$ 均为正交矩阵,则 $\boldsymbol{A}^{\mathrm{T}}\boldsymbol{B}\boldsymbol{C}^{-1}$ 也是正交矩阵.

2. 设 $\boldsymbol{A},\boldsymbol{P}$ 为同阶正定矩阵,$\boldsymbol{P}$ 可逆,证明 $\boldsymbol{P}\boldsymbol{A}\boldsymbol{P}^{\mathrm{T}}$ 为正定矩阵.

答案部分

第1章　行　列　式

1.1　基础模块

1.1.1　二阶行列式与三阶行列式

1. $\begin{vmatrix} 1 & 1 \\ 1 & -1 \end{vmatrix}$，$\begin{cases} x=\dfrac{1}{2}, \\ y=\dfrac{1}{2}. \end{cases}$　2. $a^3+b^3+c^3-3abc$.

1.1.2　全排列和对换

1. 9，奇.　2. 3，8.　3. $\dfrac{n(n-1)}{2}$，$4k+1$ 或 $4k+4(k=0,1,2,\cdots)$，$4k+2$ 或 $4k+3(k=0,1,2,\cdots)$.　4. 奇.

1.1.3　n 阶行列式的定义

1. $-2+c^3+c$.　2. 0.　3. 3，5.　4. (1) $(-1)^{\frac{n(n-1)}{2}}n!$；(2) $(-1)^{n-1}n!$；(3) $(-1)^{\frac{(n-1)(n-2)}{2}}n!$；(4) $(-1)^{\frac{n(n-1)}{2}}$.

5. 0.

解　除去符号的差异外，行列式的一般项可表示为 $a_ib_jc_kd_se_t$，其中 $ijkst$ 为 1，2，3，4，5 的任意一个排列，而且 $c_r,d_r,e_r(r=3,4,5)$ 都是 0. 由于 k,s,t 为 1，2，3，4，5 中的三个不同的数，故至少要取到 3，4，5 中的一个数. 就是说，在行列式的展开式的每一项中至少有一个因子为 0. 从而行列式的每项都是 0，故行列式为 0.

6. $adfh+(-1)^3bceg$.

1.1.4 行列式的性质

一、1. **解** 原式$=-\begin{vmatrix}100&99&205\\200&201&395\\300&295&602\end{vmatrix}=-100\begin{vmatrix}1&99&205\\2&201&395\\3&295&602\end{vmatrix}$

$=-100\begin{vmatrix}1&99&205\\0&3&-15\\0&-2&-13\end{vmatrix}=-100\times3\begin{vmatrix}1&99&205\\0&1&-5\\0&0&-23\end{vmatrix}=6900.$

2. **解** 原式$=\begin{vmatrix}1&1&1&1\\0&2&2&2\\0&0&2&2\\0&0&0&2\end{vmatrix}=8.$

3. **解** 原式$=\begin{vmatrix}1&1&1&1\\0&1&0&0\\0&0&2&0\\0&0&0&3\end{vmatrix}=2\times3=6.$

4. **解** 原式$=5\begin{vmatrix}1&1&1&1\\1&2&1&1\\1&1&2&1\\1&1&1&2\end{vmatrix}=5\begin{vmatrix}1&1&1&1\\0&1&0&0\\0&0&1&0\\0&0&0&1\end{vmatrix}=5.$

5. **解** 原式$=10\begin{vmatrix}1&1&1&1\\2&3&4&1\\3&4&1&2\\4&1&2&3\end{vmatrix}=10\begin{vmatrix}1&1&1&1\\0&1&2&-1\\0&1&-2&-1\\0&-3&-2&-1\end{vmatrix}=10\begin{vmatrix}1&1&1&1\\0&1&2&-1\\0&0&-4&0\\0&0&4&-4\end{vmatrix}$

$=10\begin{vmatrix}1&1&1&1\\0&1&2&-1\\0&0&-4&0\\0&0&0&-4\end{vmatrix}=160.$

6. **解** 原式$=\begin{vmatrix}a_1-b_1&a_1-b_2&\cdots&a_1-b_n\\a_2-a_1&a_2-a_1&\cdots&a_2-a_1\\\vdots&\vdots&&\vdots\\a_n-a_1&a_n-a_1&\cdots&a_n-a_1\end{vmatrix}=0.$

二、1. **证明**

左式$=\begin{vmatrix}a_1&b_1+c_1&c_1\\a_2&b_2+c_2&c_2\\a_3&b_3+c_3&c_3\end{vmatrix}+k\begin{vmatrix}b_1&b_1+c_1&c_1\\b_2&b_2+c_2&c_2\\b_3&b_3+c_3&c_3\end{vmatrix}=\begin{vmatrix}a_1&b_1&c_1\\a_2&b_2&c_2\\a_3&b_3&c_3\end{vmatrix}+k\begin{vmatrix}b_1&b_1&c_1\\b_2&b_2&c_2\\b_3&b_3&c_3\end{vmatrix}$

$=\begin{vmatrix}a_1&b_1&c_1\\a_2&b_2&c_2\\a_3&b_3&c_3\end{vmatrix}=$右式.

2. **证明** 左式$=\begin{vmatrix} b_1 & c_1+a_1 & a_1+b_1 \\ b_2 & c_2+a_2 & a_2+b_2 \\ b_3 & c_3+a_3 & a_3+b_3 \end{vmatrix}+\begin{vmatrix} c_1 & c_1+a_1 & a_1+b_1 \\ c_2 & c_2+a_2 & a_2+b_2 \\ c_3 & c_3+a_3 & a_3+b_3 \end{vmatrix}$

$$=\begin{vmatrix} b_1 & c_1+a_1 & a_1 \\ b_2 & c_2+a_2 & a_2 \\ b_3 & c_3+a_3 & a_3 \end{vmatrix}+\begin{vmatrix} c_1 & a_1 & a_1+b_1 \\ c_2 & a_2 & a_2+b_2 \\ c_3 & a_3 & a_3+b_3 \end{vmatrix}$$

$$=\begin{vmatrix} b_1 & c_1 & a_1 \\ b_2 & c_2 & a_2 \\ b_3 & c_3 & a_3 \end{vmatrix}+\begin{vmatrix} c_1 & a_1 & b_1 \\ c_2 & a_2 & b_2 \\ c_3 & a_3 & b_3 \end{vmatrix}$$

$$=(-1)^2\begin{vmatrix} a_1 & b_1 & c_1 \\ a_2 & b_2 & c_2 \\ a_3 & b_3 & c_3 \end{vmatrix}+(-1)^2\begin{vmatrix} a_1 & b_1 & c_1 \\ a_2 & b_2 & c_2 \\ a_3 & b_3 & c_3 \end{vmatrix}=\text{右式}.$$

1.1.5 行列式按行(列)展开

一、1. $\begin{vmatrix} 0 & b & 0 \\ 0 & f & 0 \\ g & 0 & h \end{vmatrix}=0$，$\begin{vmatrix} 0 & b & 0 \\ c & 0 & d \\ g & 0 & h \end{vmatrix}=bdg-bch$，$(-1)^{2+1}M_{21}=0$，$(-1)^{2+2}M_{22}=afh-beh$，$(-1)^{4+3}M_{43}=0$. 2. 12. 3. -5.

二、1. **解** 原式$=1\times(-1)^{3+2}\begin{vmatrix} 5 & 2 & -1 \\ 10 & 3 & 2 \\ 3 & -1 & 1 \end{vmatrix}=-\begin{vmatrix} 8 & 1 & -1 \\ 4 & 5 & 2 \\ 0 & 0 & 1 \end{vmatrix}=-36.$

2. **解** 原式$=(2a+b)\begin{vmatrix} 1 & 1 & 1 & 1 \\ a & 0 & a & b \\ b & a & 0 & a \\ a & b & a & 0 \end{vmatrix}=(2a+b)\begin{vmatrix} 1 & 1 & 1 & 1 \\ 0 & -a & 0 & b-a \\ 0 & a-b & -b & a-b \\ 0 & b-a & 0 & -a \end{vmatrix}$

$$=(2a+b)\begin{vmatrix} -a & 0 & b-a \\ a-b & -b & a-b \\ b-a & 0 & -a \end{vmatrix}=(2a+b)(-b)(-1)^{2+2}\begin{vmatrix} -a & b-a \\ b-a & -a \end{vmatrix}$$

$$=-(2a+b)b[a^2-(b-a)^2]=b^2(b^2-4a^2).$$

3. **解** 原式$=\begin{vmatrix} x & 0 & 1 & 0 \\ 0 & -x & 1 & 0 \\ 0 & 0 & 1 & y \\ 0 & 0 & 1 & -y \end{vmatrix}=x\begin{vmatrix} -x & 1 & 0 \\ 0 & 1 & y \\ 0 & 1 & -y \end{vmatrix}=x(-x)\begin{vmatrix} 1 & y \\ 1 & -y \end{vmatrix}$

$$=-x^2(-y-y)=2yx^2.$$

4. **解** 原式$=\begin{vmatrix} x & y & \cdots & 0 & 0 \\ 0 & x & \ddots & 0 & 0 \\ \vdots & \vdots & \ddots & \ddots & \vdots \\ 0 & 0 & \cdots & x & y \\ 0 & 0 & \cdots & 0 & x \end{vmatrix}+\begin{vmatrix} 0 & y & \cdots & 0 & 0 \\ 0 & x & \ddots & 0 & 0 \\ \vdots & \vdots & \ddots & \ddots & \vdots \\ 0 & 0 & \cdots & x & y \\ y & 0 & \cdots & 0 & x \end{vmatrix}$

$$=x^n+y(-1)^{n+1}\begin{vmatrix} y & 0 & \cdots & 0 \\ x & y & \cdots & 0 \\ \vdots & \vdots & \ddots & \vdots \\ 0 & 0 & \cdots & y \end{vmatrix}$$

$$=x^n+y(-1)^{n+1}y^{n-1}=x^n+y^n(-1)^{n+1}.$$

5. **解**

$$原式=\begin{vmatrix} \sum_{i=1}^{n}x_i-m & x_2 & \cdots & x_n \\ \sum_{i=1}^{n}x_i-m & x_2-m & \cdots & x_n \\ \vdots & \vdots & & \vdots \\ \sum_{i=1}^{n}x_i-m & x_2 & \cdots & x_n-m \end{vmatrix}=\left(\sum_{i=1}^{n}x_i-m\right)\begin{vmatrix} 1 & x_2 & \cdots & x_n \\ 1 & x_2-m & \cdots & x_n \\ \vdots & \vdots & & \vdots \\ 1 & x_2 & \cdots & x_n-m \end{vmatrix}$$

$$=\left(\sum_{i=1}^{n}x_i-m\right)\begin{vmatrix} 1 & x_2 & \cdots & x_n \\ 0 & -m & \cdots & 0 \\ \vdots & \vdots & & \vdots \\ 0 & 0 & \cdots & -m \end{vmatrix}=\left(\sum_{i=1}^{n}x_i-m\right)(-m)^{n-1}.$$

6. **解** 原式$=\begin{vmatrix} -1 & 0 & 0 & \cdots & 0 \\ 2 & 2 & 2 & \cdots & 2 \\ 0 & 0 & 1 & \cdots & 0 \\ \vdots & \vdots & \vdots & & \vdots \\ 0 & 0 & 0 & \cdots & n-2 \end{vmatrix}=-1(-1)^{1+1}\begin{vmatrix} 2 & 2 & \cdots & 2 \\ 0 & 1 & \cdots & 0 \\ \vdots & \vdots & & \vdots \\ 0 & 0 & \cdots & n-2 \end{vmatrix}$

$$=(-1)2(n-2)!\ =-2(n-2)!.$$

7. **解** 将其他各列加到第一列得

$$\begin{vmatrix} \frac{n(n+1)}{2} & 2 & 3 & \cdots & n-1 & n \\ 0 & -1 & 0 & \cdots & 0 & 0 \\ 0 & 2 & -2 & \cdots & 0 & 0 \\ \vdots & \vdots & \vdots & & \vdots & \vdots \\ 0 & 0 & 0 & \cdots & n-1 & 1-n \end{vmatrix}=(-1)^{n-1}(n-1)!\ \frac{(n+1)n}{2}$$

$$=\frac{(-1)^{n-1}}{2}(n+1)!.$$

三、解

(1) $M_{11}+M_{12}+M_{13}+M_{14}=A_{11}-A_{12}+A_{13}-A_{14}$,其值等于用 $1,-1,1,-1$ 代替 D 的第一行,所得的行列式为

$$\begin{vmatrix}1&-1&1&-1\\3&3&3&3\\0&2&0&2\\0&1&-1&-2\end{vmatrix}=3\times2\begin{vmatrix}1&-1&1&-1\\1&1&1&1\\0&1&0&1\\0&1&-1&-2\end{vmatrix}=6\begin{vmatrix}1&-1&1&-1\\0&2&0&2\\0&1&0&1\\0&1&-1&-2\end{vmatrix}=0.$$

(2) $A_{11}+A_{12}+A_{13}+A_{14}$ 等于用 $1,1,1,1$ 代替 D 的第一行,所得的行列式为

$$\begin{vmatrix}1&1&1&1\\3&3&3&3\\0&2&0&2\\0&1&-1&-2\end{vmatrix}=0.$$

1.2 综合训练

一、1. 30. 2. 1. 3. 0.

二、

1. 解

$$f(x)=\begin{vmatrix}x+3&0&0&x+1\\1&5&0&x\\3&0&-1&1\\4&2&0&x+1\end{vmatrix}=(-1)\begin{vmatrix}x+3&0&x+1\\1&5&x\\4&2&x+1\end{vmatrix}=-3x^2+4x+3,$$

所以常数项为 3,$f''(x)=-6$.

2. (1) 解　原式 $\xlongequal[c_1+c_3]{c_2+c_3}\begin{vmatrix}1-x&0&-2\\x-4&2-x&-4\\0&0&4\end{vmatrix}=4(-1)^{3+3}[(1-x)(2-x)-0]=0,$

所以 $x_1=1,x_2=2$.

(2) 解　由范德蒙德行列式的性质得

原式 $=(2-1)(-2-1)(x-1)(-2-2)(x-2)(x+2)=12(x-1)(x-2)(x+2)=0$,

所以 $x_1=1,x_2=2,x_3=-2$.

*三、解

将 D_n 按第一行展开,得

$$D_n=(a+b)D_{n-1}-ab\begin{vmatrix}1&ab&\cdots&0\\0&a+b&\cdots&0\\\vdots&\vdots&&\vdots\\0&0&\cdots&a+b\end{vmatrix}_{(n-1)}=(a+b)D_{n-1}-abD_{n-2},$$

即 $D_n-aD_{n-1}=b(D_{n-1}-aD_{n-2})$. 由上式递推得 $D_n-aD_{n-1}=b^{n-2}(D_2-aD_1)$. 同理有

$D_n-bD_{n-1}=a^{n-2}(D_2-bD_1)$. 因为

$$D_2-aD_1=b^2,\quad D_2-bD_1=a^2,\quad (b-a)D_n=b^{n+1}-a^{n+1},$$

所以

$$D_n=\frac{b^{n+1}-a^{n+1}}{b-a}.$$

1.3 模拟考场

一、1. 9. 2. $\frac{(n-1)n}{2}$. 3. 3,6. 4. 1. 5. $bcd+b+d$.

6. $(a_1a_4-b_1b_4)(a_2a_3-b_2b_3)$.

二、1. A. 2. B. 3. B. 4. A. 5. B.

三、1. **解** 原式 $=\begin{vmatrix}1&1&1&1\\0&1&5&7\\0&-16&1&2\\0&4&-2&2\end{vmatrix}=\begin{vmatrix}1&5&7\\-16&1&2\\4&-2&2\end{vmatrix}=\begin{vmatrix}-13&12&7\\-20&3&0\\0&0&2\end{vmatrix}$

$$=2(-1)^{3+3}\begin{vmatrix}-13&12\\-20&3\end{vmatrix}=402.$$

2. **解** 原式 $=(-1)^3e\begin{vmatrix}a&b&c\\0&g&h\\i&j&k\end{vmatrix}=-e[agk+bhi-cgi-ahj]$.

3. **解** 原式 $\xlongequal{r_1+r_2+r_3+r_4}\begin{vmatrix}-2&-2&-2&-2\\-1&1&-1&-1\\-1&-1&1&-1\\-1&-1&-1&1\end{vmatrix}=-2\begin{vmatrix}1&1&1&1\\-1&1&-1&-1\\-1&-1&1&-1\\-1&-1&-1&1\end{vmatrix}$

$$=-2\begin{vmatrix}1&1&1&1\\0&2&0&0\\0&0&2&0\\0&0&0&2\end{vmatrix}=-16.$$

4. **解** 原式 $=-\begin{vmatrix}1&0&0\\0&1&6\\7&4&2\end{vmatrix}=-\begin{vmatrix}1&0&0\\0&1&6\\0&4&2\end{vmatrix}=-1\times\begin{vmatrix}1&6\\4&2\end{vmatrix}=22$.

5. **解** 原式 $=(a+3b)\begin{vmatrix}1&b&b&b\\1&a&b&b\\1&b&a&b\\1&b&b&a\end{vmatrix}=(a+3b)\begin{vmatrix}1&b&b&b\\0&a-b&0&0\\0&0&a-b&0\\0&0&0&a-b\end{vmatrix}$

$$=(a+3b)(a-b)^3.$$

四、1. **解** 原式 $=\begin{vmatrix} 1 & 1 & 1 & \cdots & 1 & 1 \\ 0 & -x & 0 & \cdots & 0 & 0 \\ 0 & 0 & 1-x & \cdots & 0 & 0 \\ \vdots & \vdots & \vdots & & \vdots & \vdots \\ 0 & 0 & 0 & \cdots & n-3-x & 0 \\ 0 & 0 & 0 & \cdots & 0 & n-2-x \end{vmatrix}=0$,

故$-x(1-x)\cdots(n-3-x)(n-2-x)=0$,所以

$$x_1=0,\quad x_2=1,\cdots,\quad x_{n-1}=n-2.$$

2. **解** 将第 4 行的 x 提出,并进行行列式的转置运算得

$$f(x)=x\begin{vmatrix} 1 & 1 & 1 & 1 \\ 1 & 2 & 3 & x \\ 1 & 4 & 9 & x^2 \\ 1 & 8 & 27 & x^3 \end{vmatrix}.$$

由范德蒙德行列式性质得 $f(x)=2x(x-1)(x-3)(x-2)=0$,解得

$$x_1=0,\quad x_2=1,\quad x_3=2,\quad x_4=3.$$

五、计算题

1. **解** $A_{31}+3A_{32}-2A_{33}+2A_{34}=\begin{vmatrix} 3 & 1 & -1 & 2 \\ 2 & 2 & 2 & 2 \\ 1 & 3 & -2 & 2 \\ 1 & 1 & -2 & -2 \end{vmatrix}=-2\begin{vmatrix} 1 & 1 & 1 & 1 \\ 3 & 1 & -1 & 2 \\ 1 & 3 & -2 & 2 \\ 1 & 1 & -2 & -2 \end{vmatrix}$

$$=-2\begin{vmatrix} 1 & 1 & 1 & 1 \\ 0 & -2 & -4 & -1 \\ 0 & 2 & -3 & 1 \\ 0 & 0 & -3 & -3 \end{vmatrix}=6\begin{vmatrix} -2 & -4 & -1 \\ 2 & -3 & 1 \\ 0 & 1 & 1 \end{vmatrix}=84.$$

(或按代数余子式的定义分别计算 $A_{31},A_{32},A_{33},A_{34}$ 的值,再求 $A_{31}+3A_{32}-2A_{33}+2A_{34}$.)

*2. **解** 本题采用递推法. D_n 按第一列展开得

$$D_n=2D_{n-1}-D_{n-2},$$

因此有

$$D_n-D_{n-1}=D_{n-1}-D_{n-2}=\cdots=D_2-D_1=3-2=1,$$

$$D_n=1+D_{n-1}=2+D_{n-2}=\cdots=(n-1)+D_1=(n-1)+2=n+1.$$

第2章 矩阵及其运算

2.1 基础模块

2.1.1 矩阵

1. **解** $a=0, b=-20, x=64, y=-25, z=55, w=-55$.

2. **解** 不同型的零矩阵是不相等的.

3. **解** $\boldsymbol{E}=\begin{pmatrix}1&0&0\\0&1&0\\0&0&1\end{pmatrix}$, $\boldsymbol{\Lambda}=\begin{pmatrix}\lambda_1&0&0&0\\0&\lambda_2&0&0\\0&0&\lambda_3&0\\0&0&0&\lambda_4\end{pmatrix}$.

2.1.2 矩阵的运算

一、1. $\sum_{i=1}^{8} a_{4i}b_{i5}$.

2. (1) 5,7,5,7. (2) 7,任意正整数,5,n. (3) 任意正整数,5,m,7. (4) 5,任意正整数,n,7. (5) 7,5.

3. 同阶方阵. 4. 5,$\begin{pmatrix}1&2\\2&4\end{pmatrix}$;$(a_1,a_2,\cdots,a_n)\begin{pmatrix}x_1\\x_2\\\vdots\\x_n\end{pmatrix}$,$(1,1,\cdots,1)\begin{pmatrix}x_1\\x_2\\\vdots\\x_n\end{pmatrix}$.

5. 25,1600. 6. $\frac{1}{2}$,2. 7. $\boldsymbol{AB}=\boldsymbol{BA}$.

二、

1. **解** $\boldsymbol{AB}=\begin{pmatrix}0&5&8\\0&-5&6\\2&9&0\end{pmatrix}$,

$$3\boldsymbol{AB}-2\boldsymbol{A}=\begin{pmatrix}0&15&24\\0&-15&18\\6&27&0\end{pmatrix}-\begin{pmatrix}2&2&2\\2&2&-2\\2&-2&2\end{pmatrix}=\begin{pmatrix}-2&13&22\\-2&-17&20\\4&29&-2\end{pmatrix}.$$

因为 $\boldsymbol{A}^{\mathrm{T}}=\boldsymbol{A}$,所以 $\boldsymbol{A}^{\mathrm{T}}\boldsymbol{B}=\boldsymbol{AB}=\begin{pmatrix}0&5&8\\0&-5&6\\2&9&0\end{pmatrix}$.

2. (1) **解** 原式$=\begin{pmatrix}28+6+1\\7-4+3\\35+14+0\end{pmatrix}=\begin{pmatrix}35\\6\\49\end{pmatrix}$.

(2) **解** 原式 $=(a_{11}x_1+a_{21}x_2+a_{31}x_3, a_{12}x_1+a_{22}x_2+a_{32}x_3, a_{13}x_1+a_{23}x_2+a_{33}x_3)\begin{pmatrix}x_1\\x_2\\x_3\end{pmatrix}$

$$=\sum_{i=1}^{3}\sum_{j=1}^{3}a_{ij}x_ix_j.$$

3. **解** $f(\boldsymbol{A})=2\boldsymbol{A}^2-\boldsymbol{A}+3\boldsymbol{E}=\begin{pmatrix}2&-4\\0&2\end{pmatrix}-\begin{pmatrix}1&-1\\0&1\end{pmatrix}+\begin{pmatrix}3&0\\0&3\end{pmatrix}=\begin{pmatrix}4&-3\\0&4\end{pmatrix}$.

4. **解** $\boldsymbol{A}^2=\begin{pmatrix}1&0\\\lambda&1\end{pmatrix}\begin{pmatrix}1&0\\\lambda&1\end{pmatrix}=\begin{pmatrix}1&0\\2\lambda&1\end{pmatrix}$, $\boldsymbol{A}^3=\begin{pmatrix}1&0\\2\lambda&1\end{pmatrix}\begin{pmatrix}1&0\\\lambda&1\end{pmatrix}=\begin{pmatrix}1&0\\3\lambda&1\end{pmatrix}$.

下面可证 $\boldsymbol{A}^k=\begin{pmatrix}1&0\\k\lambda&1\end{pmatrix}$. 假设 $\boldsymbol{A}^{k-1}=\begin{pmatrix}1&0\\(k-1)\lambda&1\end{pmatrix}$,则

$$\boldsymbol{A}^k=\boldsymbol{A}^{k-1}\boldsymbol{A}=\begin{pmatrix}1&0\\(k-1)\lambda&1\end{pmatrix}\begin{pmatrix}1&0\\\lambda&1\end{pmatrix}=\begin{pmatrix}1&0\\k\lambda&1\end{pmatrix}.$$

5. **解** $\boldsymbol{A}=\boldsymbol{PQ}=\begin{pmatrix}1\\2\\1\end{pmatrix}(2,-1,2)=\begin{pmatrix}2&-1&2\\4&-2&4\\2&-1&2\end{pmatrix}$, $\boldsymbol{QP}=(2,-1,2)\begin{pmatrix}1\\2\\1\end{pmatrix}=2$,

$\boldsymbol{A}^2=\boldsymbol{PQPQ}=\boldsymbol{P}(\boldsymbol{QP})\boldsymbol{Q}=2\boldsymbol{PQ}=\begin{pmatrix}4&-2&4\\8&-4&8\\4&-2&4\end{pmatrix}$,

$\boldsymbol{A}^3=\boldsymbol{A}^2\boldsymbol{A}=2\boldsymbol{PQPQ}=2^2\boldsymbol{PQ}$,

⋮

$\boldsymbol{A}^{100}=2^{99}\boldsymbol{PQ}=2^{99}\begin{pmatrix}2&-1&2\\4&-2&4\\2&-1&2\end{pmatrix}$.

三、1. **证明** 设 $\boldsymbol{A}$ 为 $m\times n$ 矩阵,则 $\boldsymbol{A}^{\mathrm{T}}$ 为 $n\times m$ 矩阵,由矩阵乘法定义知 $\boldsymbol{AA}^{\mathrm{T}}$ 恒有意义. 而 $(\boldsymbol{AA}^{\mathrm{T}})^{\mathrm{T}}=(\boldsymbol{A}^{\mathrm{T}})^{\mathrm{T}}\boldsymbol{A}^{\mathrm{T}}=\boldsymbol{AA}^{\mathrm{T}}$,所以 $\boldsymbol{AA}^{\mathrm{T}}$ 为对称阵.

2. **证明** $(\boldsymbol{B}^{\mathrm{T}}\boldsymbol{AB})^{\mathrm{T}}=(\boldsymbol{AB})^{\mathrm{T}}(\boldsymbol{B}^{\mathrm{T}})^{\mathrm{T}}=\boldsymbol{B}^{\mathrm{T}}\boldsymbol{A}^{\mathrm{T}}\boldsymbol{B}$,因为 $\boldsymbol{A}^{\mathrm{T}}=\boldsymbol{A}$,所以 $(\boldsymbol{B}^{\mathrm{T}}\boldsymbol{AB})^{\mathrm{T}}=\boldsymbol{B}^{\mathrm{T}}\boldsymbol{AB}$,则 $\boldsymbol{B}^{\mathrm{T}}\boldsymbol{AB}$ 也为对称矩阵.

2.1.3 逆矩阵

一、1. (1) $\dfrac{1}{ad-bc}\begin{pmatrix}d&-b\\-c&a\end{pmatrix}$; (2) $\boldsymbol{A}^{-1}=\begin{pmatrix}\frac{1}{a}&0&0\\0&\frac{1}{b}&0\\0&0&\frac{1}{c}\end{pmatrix}$.

2. 1,−1,2.　3. a^{n-1},$\frac{1}{a}$.　4. $\begin{pmatrix}-1 & \frac{1}{2}\\ \frac{3}{4} & -\frac{1}{4}\end{pmatrix}$,$\begin{pmatrix}\frac{1}{2} & 1\\ \frac{3}{2} & 2\end{pmatrix}$,$\begin{pmatrix}2 & 6\\ 4 & 8\end{pmatrix}$.　5. $\boldsymbol{A}$ 可逆.

二、选择题

1. B,C.　2. A,B,C.　3. B.　4. D.

三、1. **解**　$|\boldsymbol{A}|=\begin{vmatrix}1 & 2 & 1\\ 3 & 4 & -2\\ 5 & -4 & 1\end{vmatrix}=-62$,故 $\boldsymbol{A}$ 可逆. $\boldsymbol{A}^*=\begin{pmatrix}A_{11} & A_{21} & A_{31}\\ A_{12} & A_{22} & A_{32}\\ A_{13} & A_{23} & A_{33}\end{pmatrix}=$

$$\begin{pmatrix}\begin{vmatrix}4 & -2\\ -4 & 1\end{vmatrix} & -\begin{vmatrix}2 & 1\\ -4 & 1\end{vmatrix} & \begin{vmatrix}2 & 1\\ 4 & -2\end{vmatrix}\\ -\begin{vmatrix}3 & -2\\ 5 & 1\end{vmatrix} & \begin{vmatrix}1 & 1\\ 5 & 1\end{vmatrix} & -\begin{vmatrix}1 & 1\\ 3 & -2\end{vmatrix}\\ \begin{vmatrix}3 & 4\\ 5 & -4\end{vmatrix} & -\begin{vmatrix}1 & 2\\ 5 & -4\end{vmatrix} & \begin{vmatrix}1 & 2\\ 3 & 4\end{vmatrix}\end{pmatrix}=\begin{pmatrix}-4 & -6 & -8\\ -13 & -4 & 5\\ -32 & 14 & -2\end{pmatrix},$$

$$\boldsymbol{A}^{-1}=\frac{\boldsymbol{A}^*}{|\boldsymbol{A}|}=-\frac{1}{62}\begin{pmatrix}-4 & -6 & 8\\ -13 & -4 & 5\\ -32 & 14 & -2\end{pmatrix}.$$

2. (1) **证明**　因为 $\boldsymbol{A}+\boldsymbol{B}=\boldsymbol{AB}$,所以 $\boldsymbol{AB}-\boldsymbol{A}-\boldsymbol{B}=\boldsymbol{0}$,因此 $\boldsymbol{AB}-\boldsymbol{A}-\boldsymbol{B}+\boldsymbol{E}=\boldsymbol{E}$. 于是 $\boldsymbol{A}(\boldsymbol{B}-\boldsymbol{E})-(\boldsymbol{B}-\boldsymbol{E})=\boldsymbol{E}$,则 $(\boldsymbol{A}-\boldsymbol{E})(\boldsymbol{B}-\boldsymbol{E})=\boldsymbol{E}$,$|\boldsymbol{A}-\boldsymbol{E}|\,|\boldsymbol{B}-\boldsymbol{E}|=1$,可得 $|\boldsymbol{A}-\boldsymbol{E}|\neq 0$,故 $\boldsymbol{A}-\boldsymbol{E}$ 可逆.

(2) **解**　由(1)知 $\boldsymbol{A}-\boldsymbol{E}=(\boldsymbol{B}-\boldsymbol{E})^{-1}$,所以 $\boldsymbol{A}=(\boldsymbol{B}-\boldsymbol{E})^{-1}+\boldsymbol{E}=\begin{pmatrix}1 & \frac{1}{2} & 0\\ -\frac{1}{3} & 1 & 0\\ 0 & 0 & 2\end{pmatrix}$.

3. **解**　由 $\boldsymbol{A}^{-1}=\frac{\boldsymbol{A}^*}{|\boldsymbol{A}|}$ 知,$\begin{pmatrix}1 & 4\\ -1 & 2\end{pmatrix}^{-1}=\frac{1}{6}\begin{pmatrix}2 & -4\\ 1 & 1\end{pmatrix}$,$\begin{pmatrix}2 & 0\\ -1 & 1\end{pmatrix}^{-1}=\frac{1}{2}\begin{pmatrix}1 & 0\\ 1 & 2\end{pmatrix}$. 故

$$\boldsymbol{A}=\begin{pmatrix}1 & 4\\ -1 & 2\end{pmatrix}^{-1}\begin{pmatrix}3 & 1\\ 0 & -1\end{pmatrix}\begin{pmatrix}2 & 0\\ -1 & 1\end{pmatrix}^{-1}=\frac{1}{6}\begin{pmatrix}2 & -4\\ 1 & 1\end{pmatrix}\begin{pmatrix}3 & 1\\ 0 & -1\end{pmatrix}\frac{1}{2}\begin{pmatrix}1 & 0\\ 1 & 2\end{pmatrix}=\begin{pmatrix}1 & 1\\ \frac{1}{4} & 0\end{pmatrix}.$$

4. **解**　线性方程组可改写为 $\begin{pmatrix}1 & 2 & 3\\ 2 & 2 & 5\\ 3 & 5 & 1\end{pmatrix}\begin{pmatrix}x_1\\ x_2\\ x_3\end{pmatrix}=\begin{pmatrix}1\\ 2\\ 3\end{pmatrix}$,所以

$$\begin{pmatrix}x_1\\ x_2\\ x_3\end{pmatrix}=\begin{pmatrix}1 & 2 & 3\\ 2 & 2 & 5\\ 3 & 5 & 1\end{pmatrix}^{-1}\begin{pmatrix}1\\ 2\\ 3\end{pmatrix}=\begin{pmatrix}1\\ 0\\ 0\end{pmatrix}.$$

5. **解**　由 $\boldsymbol{AB}-\boldsymbol{A}-2\boldsymbol{B}=\boldsymbol{0}$,则 $(\boldsymbol{A}-2\boldsymbol{E})\boldsymbol{B}=\boldsymbol{A}$,所以

$$B=(A-2E)^{-1}A=\begin{pmatrix}2&2&3\\1&-1&0\\-1&2&1\end{pmatrix}^{-1}\begin{pmatrix}4&2&3\\1&1&0\\-1&2&3\end{pmatrix}=\begin{pmatrix}3&-8&-6\\2&-9&-6\\-2&12&9\end{pmatrix}.$$

*6. **解** $A(A^{-1}+B^{-1})B=(E+AB^{-1})B=B+A=A+B$,故 $A^{-1}+B^{-1}=A^{-1}(A+B)B^{-1}$,因此$(A^{-1}+B^{-1})^{-1}=[A^{-1}(A+B)B^{-1}]^{-1}=B(A+B)^{-1}A$.

四、1. **证明** $(A^{-1})^{T}=(A^{T})^{-1}$,又 A 为对称矩阵,即 $A^{T}=A$,则$(A^{-1})^{T}=(A^{T})^{-1}=A^{-1}$,故 A^{-1} 为对称矩阵.

2. **证明** 因为 $AA^{*}=|A|E$,所以$|A||A^{*}|=|A|^{n}$,即$|A^{*}|=|A|^{n-1}$.又 A 可逆,即$|A|\neq0$,则$|A^{*}|\neq0$,故 A^{*} 可逆.

因为 $AA^{*}=|A|E$,所以 $A^{*}=|A|A^{-1}$,因此$(A^{*})^{-1}=A|A|^{-1}$.

3. **证明** 因为$A^2-A-2E=0$,所以$A(A-E)=2E$,即 $A\dfrac{(A-E)}{2}=E$,$|A|\left|\dfrac{A-E}{2}\right|=1$.
于是$|A|\neq0$,则 A 可逆,$A^{-1}=\dfrac{A-E}{2}$.

4. **证明** $A^k=0_{n\times n}$,即 $E-A^k=E$,所以

$$(E-A)(E+A+A^2+\cdots+A^{k-1})=E.$$

两边取行列式,得$|E-A|\neq0$,则 $E-A$ 必为非奇异矩阵,且

$$(E-A)^{-1}=E+A+A^2+\cdots+A^{k-1}.$$

2.1.4 克莱姆法则

一、**解** $D=\begin{vmatrix}1&1&2&4\\3&-1&-1&-2\\2&3&-1&-1\\1&2&-3&-1\end{vmatrix}=108$, $D_1=\begin{vmatrix}-1&1&2&4\\9&-1&-1&-2\\-4&3&-1&-1\\1&2&-3&-1\end{vmatrix}=216$,

$D_2=\begin{vmatrix}1&-1&2&4\\3&9&-1&-2\\2&-4&-1&-1\\1&1&-3&-1\end{vmatrix}=-324$, $D_3=\begin{vmatrix}1&1&-1&4\\3&-1&9&-2\\2&3&-4&-1\\1&2&1&-1\end{vmatrix}=-216$,

$D_4=\begin{vmatrix}1&1&2&-1\\3&-1&-1&9\\2&3&-1&-4\\1&2&-3&1\end{vmatrix}=108$.

$$x_1=\frac{D_1}{D}=2,\quad x_2=\frac{D_2}{D}=-3,\quad x_3=\frac{D_3}{D}=-2,\quad x_4=\frac{D_4}{D}=1.$$

二、**解** 令系数行列式$\begin{vmatrix}k&1&2\\2&k&2\\1&-1&-2k\end{vmatrix}=0$,即$-2k^3-2+4k=0$,因式分解得

$$(k-1)(k^2+k-1)=0.$$

所以 $k=1$ 或 $k=\dfrac{-1\pm\sqrt{5}}{2}$.

2.1.5 矩阵分块法

1. **解** $|A|=\begin{vmatrix}5&2\\2&1\end{vmatrix}\begin{vmatrix}8&3\\5&2\end{vmatrix}=1\times1=1$,

$$A^2=\begin{pmatrix}\begin{pmatrix}5&2\\2&1\end{pmatrix}^2&\begin{pmatrix}0&0\\0&0\end{pmatrix}\\\begin{pmatrix}0&0\\0&0\end{pmatrix}&\begin{pmatrix}8&3\\5&2\end{pmatrix}^2\end{pmatrix}=\begin{pmatrix}29&12&0&0\\12&5&0&0\\0&0&79&30\\0&0&50&19\end{pmatrix},$$

$$A^{-1}=\begin{pmatrix}\begin{pmatrix}5&2\\2&1\end{pmatrix}^{-1}&\begin{matrix}0&0\\0&0\end{matrix}\\\begin{matrix}0&0\\0&0\end{matrix}&\begin{pmatrix}8&3\\5&2\end{pmatrix}^{-1}\end{pmatrix}=\begin{pmatrix}1&-2&0&0\\-2&5&0&0\\0&0&2&-3\\0&0&-5&8\end{pmatrix}.$$

2. **解** (1) 设$\begin{pmatrix}\mathbf{0}&A_1\\A_2&\mathbf{0}\end{pmatrix}^{-1}=\begin{pmatrix}x_{11}&x_{12}\\x_{21}&x_{22}\end{pmatrix}$,则

$$\begin{pmatrix}x_{11}&x_{12}\\x_{21}&x_{22}\end{pmatrix}\begin{pmatrix}\mathbf{0}&A_1\\A_2&\mathbf{0}\end{pmatrix}=\begin{pmatrix}x_{12}A_2&x_{11}A_1\\x_{22}A_2&x_{21}A_1\end{pmatrix}=\begin{pmatrix}E&\mathbf{0}\\\mathbf{0}&E\end{pmatrix}.$$

可得 $x_{12}A_2=E, x_{11}A_1=\mathbf{0}, x_{22}A_2=\mathbf{0}, x_{21}A_1=E$.

又因为 A_1, A_2 可逆,所以 $x_{12}=A_2^{-1}$, $x_{11}=\mathbf{0}$, $x_{22}=\mathbf{0}$, $x_{21}=A_1^{-1}$. 故

$$A^{-1}=\begin{pmatrix}\mathbf{0}&A_2^{-1}\\A_1^{-1}&\mathbf{0}\end{pmatrix}.$$

(2) 根据(1)得

$$A^{-1}=\begin{pmatrix}\begin{matrix}0&0\\0&0\end{matrix}&\begin{pmatrix}8&3\\9&4\end{pmatrix}^{-1}\\\begin{pmatrix}3&5\\2&7\end{pmatrix}^{-1}&\begin{matrix}0&0\\0&0\end{matrix}\end{pmatrix}=\begin{pmatrix}0&0&\frac{4}{5}&-\frac{3}{5}\\0&0&-\frac{9}{5}&\frac{8}{5}\\\frac{7}{11}&-\frac{5}{11}&0&0\\-\frac{2}{11}&\frac{3}{11}&0&0\end{pmatrix}.$$

3. C.

2.2 综合训练

一、

1. 对. 分析:由逆矩阵定义知.

2. 错. 分析:$\begin{pmatrix}1&1\\1&1\end{pmatrix}$不存在逆矩阵.

3. 错. 分析：$AB=\begin{pmatrix}2 & 4\\-3 & -6\end{pmatrix}\begin{pmatrix}-2 & 4\\1 & -2\end{pmatrix}=\begin{pmatrix}0 & 0\\0 & 0\end{pmatrix}$.

4. 错. 分析：$(A+B)^2=A^2+AB+BA+B^2$.

5. 错. 分析：$A=\begin{pmatrix}1 & 1\\1 & 1\end{pmatrix}, B=\begin{pmatrix}2 & 2\\2 & 2\end{pmatrix}$，$|A|=|B|$，但 $A\neq B$.

6. 错. 分析：$|7A|=7^n|A|$，其中 n 为 A 的阶.

7. 对.

8. 对. 分析：$|A|=0, |B|=0$.

9. 对.

10. 错. 分析：$(AB)^{\mathrm{T}}=B^{\mathrm{T}}A^{\mathrm{T}}$.

11. 对.

12. 错. 分析：$A=\begin{pmatrix}1 & 0\\0 & 1\end{pmatrix}, B=\begin{pmatrix}-1 & 0\\0 & -1\end{pmatrix}$.

13. 对. 分析：$|AB|\neq 0$，故为 $|A|\neq \mathbf{0}, |B|\neq \mathbf{0}$.

14. 错. 分析：$(A+B)(A-B)=A^2-AB+BA-B^2$.

15. 错.

16. 错. 分析：A 可逆结论成立.

二、填空题

1. 2.

解 $B(A-E)=2E$，$|B||A-E|=4$，$A-E=\begin{pmatrix}1 & 1\\-1 & 1\end{pmatrix}$，$|A-E|=1+1=2$，所以 $|B|=2$.

2. $\begin{pmatrix}1 & 2 & 3\\0 & 1 & 2\\0 & 0 & 1\end{pmatrix}, \begin{pmatrix}1 & 2 & 3\\0 & 1 & 2\\0 & 0 & 1\end{pmatrix}$.

解 (1) 由 $AA^*=|A|E$，则 $\dfrac{A}{|A|}A^*=E$，故 $(A^*)^{-1}=\dfrac{A}{|A|}$.

(2) 由 $A^*(A^*)^*=|A^*|E$，则 $(A^*)^*=(A^*)^{-1}|A^*|$，故 $|A^*|=|A|^{n-1}=1$.

3. $\begin{pmatrix}a & b\\0 & a-b\end{pmatrix}$，其中 a, b 为任意常数.

4. $abc\neq 0$ 且 a, b, c 互不相等.

三、计算题

*1. **解** $A=BC=\begin{pmatrix}1\\2\\-2\end{pmatrix}(1,-1,1)$，$CB=(1,-1,1)\begin{pmatrix}1\\2\\-2\end{pmatrix}=1-2-2=-3$，

$A^2=BCBC=B(CB)C=B(-3)C=-3BC$，

$A^3=BCBCBC=B(-3)^2C=9BC$，

$$A^{50}=B(-3)^{49}C=(-3)^{49}A=(-3)^{49}\begin{pmatrix}1 & -1 & 1\\2 & -2 & 2\\-2 & 2 & -2\end{pmatrix}.$$

2. 解 $B=(E+A)^{-1}(E-A)\Rightarrow(E+A)B=E-A\Rightarrow B+AB+A=E\Rightarrow(E+A)(B+E)=2E\Rightarrow(E+B)^{-1}=\frac{E+A}{2}\Rightarrow(E+B)^{-1}=\begin{pmatrix}1&0&0&0\\-1&2&0&0\\0&-2&3&0\\0&0&-3&-3\end{pmatrix}$.

3. 解 由$\begin{pmatrix}1&-1&1\\0&2&3\\1&2&5\end{pmatrix}-X+\begin{pmatrix}1&-1&1\\2&-2&2\\3&-3&3\end{pmatrix}=E$，则

$$\begin{pmatrix}2&-2&2\\2&0&5\\4&-1&8\end{pmatrix}-X=E\Rightarrow X=\begin{pmatrix}1&-2&2\\2&-1&5\\4&-1&7\end{pmatrix}.$$

4. 解 设$X=\begin{pmatrix}A&0\\C&B\end{pmatrix}^{-1}=\begin{pmatrix}x_{11}&x_{12}\\x_{21}&x_{22}\end{pmatrix}$，则

$$\begin{pmatrix}x_{11}&x_{12}\\x_{21}&x_{22}\end{pmatrix}\begin{pmatrix}A&0\\C&B\end{pmatrix}=\begin{pmatrix}x_{11}A+x_{12}C&x_{12}B\\x_{21}A+x_{22}C&x_{22}B\end{pmatrix}=\begin{pmatrix}E&0\\0&E\end{pmatrix},$$

故 $x_{11}A+x_{12}C=E,x_{12}B=0,x_{21}A+x_{22}C=0,x_{22}B=E$.

又因为A,B可逆，所以$x_{12}=0,x_{22}=B^{-1},x_{11}=A^{-1},x_{21}=-B^{-1}CA^{-1}$. 因此

$$A^{-1}=\begin{pmatrix}A^{-1}&0\\-B^{-1}CA^{-1}&B^{-1}\end{pmatrix}.$$

*5. 解 由$AA^*=|A|E$，得

$|A||A^*|=|A|^4\Rightarrow|A|^3=|A^*|=8\Rightarrow|A|=2\neq0,(A-E)BA^{-1}=3E\Rightarrow(A-E)B=3A$.

又因为$|A|\neq0$，所以$|A-E|\neq0,|B|\neq0$，因此$A-E$，及B均可逆，于是

$$B=3(A-E)^{-1}A=3(A-E)^{-1}(A^{-1})^{-1}=3(E-A^{-1})^{-1}=3\left(E-\frac{A^*}{2}\right)^{-1}$$

$$=6(2E-A^*)^{-1}=6\begin{pmatrix}1&0&0&0\\0&1&0&0\\-1&0&1&0\\0&3&0&-6\end{pmatrix}^{-1}=6\begin{pmatrix}1&0&0&0\\0&1&0&0\\1&0&1&0\\0&\frac{1}{2}&0&-\frac{1}{6}\end{pmatrix}=\begin{pmatrix}6&0&0&0\\0&6&0&0\\6&0&6&0\\0&3&0&-1\end{pmatrix}.$$

*6. 解 将矩阵B按列分块，$B=(b_1,b_2,b_3)$，B非零矩阵，b_1,b_2,b_3至少有一个非零向量. $Ax=0$有非零解，从而$|A|=0$，即

$$\begin{vmatrix}1&-1&t\\1&0&2\\0&2&-1\end{vmatrix}=0+0+2t-0-4-1=0,$$

所以$2t=5$，得$t=\frac{5}{2}$.

7. 解 $(2E-A^{-1}B)C^{\mathrm T}=A^{-1}$，两边左乘$A$得$(2A-B)C^{\mathrm T}=E$，两边左乘$(2A-B)^{-1}$得$C^{\mathrm T}=(2A-B)^{-1}$，故$C=[(2A-B)^{-1}]^{\mathrm T}=[(2A-B)^{\mathrm T}]^{-1}$.

$$2\boldsymbol{A}-\boldsymbol{B}=\begin{pmatrix}1&2&-6\\0&1&2\\0&0&1\end{pmatrix},\quad (2\boldsymbol{A}-\boldsymbol{B})^{\mathrm{T}}=\begin{pmatrix}1&0&0\\2&1&0\\-6&2&1\end{pmatrix},$$

$$[(2\boldsymbol{A}-\boldsymbol{B})^{\mathrm{T}}]^{-1}=\begin{pmatrix}1&0&0\\-2&1&0\\10&-2&1\end{pmatrix},$$

所以 $\boldsymbol{C}=\begin{pmatrix}1&0&0\\-2&1&0\\10&-2&1\end{pmatrix}$.

8. **解** 设 $f(x)=ax^2+bx+c$,则

$$\begin{cases}a+b+c=0\\4a+2b+c=3\\9a-3b+c=28\end{cases},\quad D=\begin{vmatrix}1&1&1\\4&2&1\\9&-3&1\end{vmatrix}=-20,\quad D_1=\begin{vmatrix}0&1&1\\3&2&1\\28&-3&1\end{vmatrix}=-40,$$

$$D_2=\begin{vmatrix}1&0&1\\4&3&1\\9&28&1\end{vmatrix}=60,D_3=\begin{vmatrix}1&1&0\\4&2&3\\9&-3&28\end{vmatrix}=-20.$$

解得 $a=\dfrac{D_1}{D}=\dfrac{-40}{-20}=2,b=\dfrac{D_2}{D}=\dfrac{60}{-20}=-3,c=\dfrac{D_3}{D}=\dfrac{-20}{-20}=1$.

*四、证明题

1. **证明** $\boldsymbol{A}^2=\boldsymbol{B}^2=\boldsymbol{E}$,则 $|\boldsymbol{A}|^2=|\boldsymbol{B}|^2=1$,所以 $|\boldsymbol{A}|=\pm1,|\boldsymbol{B}|=\pm1$.

又因为 $|\boldsymbol{A}|+|\boldsymbol{B}|=0$,所以 $|\boldsymbol{A}|$ 与 $|\boldsymbol{B}|$ 异号. 设 $|\boldsymbol{A}|>0$,则 $|\boldsymbol{A}|=1,|\boldsymbol{B}|=-1$.

$$|\boldsymbol{A}^2+\boldsymbol{AB}|=|\boldsymbol{A}||\boldsymbol{A}+\boldsymbol{B}|=|\boldsymbol{A}+\boldsymbol{B}|,$$

$$|\boldsymbol{A}^2+\boldsymbol{AB}|=|\boldsymbol{B}^2+\boldsymbol{AB}|=|\boldsymbol{B}+\boldsymbol{A}||\boldsymbol{B}|=-|\boldsymbol{A}+\boldsymbol{B}|,$$

从而 $|\boldsymbol{A}+\boldsymbol{B}|=-|\boldsymbol{A}+\boldsymbol{B}|$,因此 $|\boldsymbol{A}+\boldsymbol{B}|=0$.

2. **证明** $|\boldsymbol{E}-\boldsymbol{A}|=|(\boldsymbol{E}-\boldsymbol{A})^{\mathrm{T}}|=|\boldsymbol{E}-\boldsymbol{A}^{\mathrm{T}}|=|\boldsymbol{E}-\boldsymbol{A}^{-1}|$. 又因为 $\boldsymbol{A}-\boldsymbol{E}=\boldsymbol{A}(\boldsymbol{E}-\boldsymbol{A}^{-1})$,所以 $|\boldsymbol{A}-\boldsymbol{E}|=|\boldsymbol{A}||\boldsymbol{E}-\boldsymbol{A}^{-1}|=|\boldsymbol{E}-\boldsymbol{A}^{-1}|$. 因此 $|\boldsymbol{E}-\boldsymbol{A}|=|\boldsymbol{A}-\boldsymbol{E}|=(-1)^n|\boldsymbol{E}-\boldsymbol{A}|$. 由 n 为奇数,则 $|\boldsymbol{E}-\boldsymbol{A}|=-|\boldsymbol{E}-\boldsymbol{A}|$,故 $|\boldsymbol{E}-\boldsymbol{A}|=0$,因此 $\boldsymbol{E}-\boldsymbol{A}$ 不可逆.

2.3 模拟考场

一、

1. $\dfrac{16}{27}$.

解 $|3\boldsymbol{A}|=2\Rightarrow3^3|\boldsymbol{A}|=2\Rightarrow|\boldsymbol{A}|=\dfrac{2}{3^3},|2\boldsymbol{A}|=2^3|\boldsymbol{A}|=2^3\times\dfrac{2}{3^3}=\dfrac{16}{27}$.

2. $(-1)^n2$.

解 $|\boldsymbol{A}^{\mathrm{T}}|=2$,所以 $|\boldsymbol{A}|=2,|-\boldsymbol{A}|=(-1)^n|\boldsymbol{A}|=(-1)^n2$.

3. $\boldsymbol{E}$.

解 $(\boldsymbol{A}^{-1})^{\mathrm{T}}\boldsymbol{A}^{\mathrm{T}}=(\boldsymbol{A}\cdot\boldsymbol{A}^{-1})^{\mathrm{T}}=\boldsymbol{E}^{\mathrm{T}}=\boldsymbol{E}$.

4. 1.

解 $\boldsymbol{A}^{-1}=\dfrac{\boldsymbol{A}^*}{|\boldsymbol{A}|}$, $\boldsymbol{A}^*=\boldsymbol{A}^{-1}|\boldsymbol{A}|$.

5. $\begin{pmatrix} 1 & 0 & 0 \\ -\frac{1}{2} & \frac{1}{2} & 0 \\ 0 & 0 & 1 \end{pmatrix}$.

解 $\boldsymbol{A}-2\boldsymbol{E}=\begin{pmatrix} 1 & 0 & 0 \\ 1 & 2 & 0 \\ 0 & 0 & 1 \end{pmatrix}$, $(\boldsymbol{A}-2\boldsymbol{E})^{-1}=\dfrac{(\boldsymbol{A}-2\boldsymbol{E})^*}{|\boldsymbol{A}-2\boldsymbol{E}|}=\dfrac{\begin{pmatrix} 2 & 0 & 0 \\ -1 & 1 & 0 \\ 0 & 0 & 2 \end{pmatrix}}{2}=\begin{pmatrix} 1 & 0 & 0 \\ -\frac{1}{2} & \frac{1}{2} & 0 \\ 0 & 0 & 1 \end{pmatrix}$.

6. $x=-\dfrac{D_1}{D}, y=-\dfrac{D_2}{D}$.

二、1. C. 2. C. 3. C. 4. B. 5. C. 6. B,D. 7. B. 8. B,C. 9. C.

三、1. **解** $\boldsymbol{A}^2=\begin{pmatrix} 1 & -1 \\ 2 & 3 \end{pmatrix}\begin{pmatrix} 1 & -1 \\ 2 & 3 \end{pmatrix}=\begin{pmatrix} -1 & -4 \\ 8 & 7 \end{pmatrix}$,

$\boldsymbol{B}=\boldsymbol{A}^2-3\boldsymbol{A}+2\boldsymbol{E}=\begin{pmatrix} -2 & -1 \\ 2 & 0 \end{pmatrix}$, $\boldsymbol{B}^{-1}=\dfrac{1}{2}\begin{pmatrix} 0 & 1 \\ -2 & -2 \end{pmatrix}=\begin{pmatrix} 0 & \frac{1}{2} \\ -1 & -1 \end{pmatrix}$.

2. **解** $\boldsymbol{A}^{-1}\boldsymbol{BA}-\boldsymbol{BA}=6\boldsymbol{A}$, $(\boldsymbol{A}^{-1}-\boldsymbol{E})\boldsymbol{BA}=6\boldsymbol{A}$, 因为 $|\boldsymbol{A}|=2\times\dfrac{1}{4}\times\dfrac{1}{3}=\dfrac{1}{6}\neq 0$, 所以 $(\boldsymbol{A}^{-1}-\boldsymbol{E})\boldsymbol{B}=6\boldsymbol{E}$. 因此

$$\boldsymbol{B}=6(\boldsymbol{A}^{-1}-\boldsymbol{E})^{-1}=6\begin{pmatrix} \frac{1}{2}-1 & 0 & 0 \\ 0 & 4-1 & 0 \\ 0 & 0 & 3-1 \end{pmatrix}^{-1}=6\begin{pmatrix} -\frac{1}{2} & 0 & 0 \\ 0 & 3 & 0 \\ 0 & 0 & 2 \end{pmatrix}^{-1}$$

$$=6\begin{pmatrix} -2 & 0 & 0 \\ 0 & \frac{1}{3} & 0 \\ 0 & 0 & \frac{1}{2} \end{pmatrix}.$$

四、1. **证明** $(\boldsymbol{A}+\boldsymbol{E})^m=\boldsymbol{A}^m+C_m^1\boldsymbol{A}^{m-1}\boldsymbol{E}+C_m^2\boldsymbol{A}^{m-2}\boldsymbol{E}^2+\cdots+C_m^{m-1}\boldsymbol{A}\boldsymbol{E}^{m-1}+\boldsymbol{E}^m$

$=\boldsymbol{A}^m+C_m^1\boldsymbol{A}^{m-1}+C_m^2\boldsymbol{A}^{m-2}+\cdots+C_m^{m-1}\boldsymbol{A}+\boldsymbol{E}=\boldsymbol{0}$,

$-\boldsymbol{A}^m-C_m^1\boldsymbol{A}^{m-1}-C_m^2\boldsymbol{A}^{m-2}-\cdots-C_m^{m-1}\boldsymbol{A}=\boldsymbol{E}$, 即 $\boldsymbol{A}(-\boldsymbol{A}^{m-1}-C_m^1\boldsymbol{A}^{m-2}-\cdots-C_m^{m-1}\boldsymbol{E})=\boldsymbol{E}$.

$|\boldsymbol{A}||-\boldsymbol{A}^{m-1}-C_m^1\boldsymbol{A}^{m-2}-\cdots-C_m^{m-1}\boldsymbol{E}|=1$, 故 $|\boldsymbol{A}|\neq 0$.

2. **解** $(\boldsymbol{A}+2\boldsymbol{E})(\boldsymbol{A}-3\boldsymbol{E})=-4\boldsymbol{E}$, 即 $(\boldsymbol{A}+2\boldsymbol{E})\left(-\dfrac{\boldsymbol{A}-3\boldsymbol{E}}{4}\right)=\boldsymbol{E}$, 两侧取行列式得 $|\boldsymbol{A}+2\boldsymbol{E}|\left|-\dfrac{\boldsymbol{A}-3\boldsymbol{E}}{4}\right|=1$, 因此 $|\boldsymbol{A}+2\boldsymbol{E}|\neq 0$. 故 $\boldsymbol{A}+2\boldsymbol{E}$ 可逆, $(\boldsymbol{A}+2\boldsymbol{E})^{-1}=-\dfrac{\boldsymbol{A}-3\boldsymbol{E}}{4}$.

五、1. **解**

$$|(3\boldsymbol{A})^{-1}-2\boldsymbol{A}^*|=\left|\frac{1}{3}\boldsymbol{A}^{-1}-2|\boldsymbol{A}|\boldsymbol{A}^{-1}\right|=\left|\frac{1}{3}\boldsymbol{A}^{-1}-2\cdot\frac{1}{2}\boldsymbol{A}^{-1}\right|=\left|\left(-\frac{2}{3}\right)\boldsymbol{A}^{-1}\right|$$

$$=\left(-\frac{2}{3}\right)^3|\boldsymbol{A}^{-1}|=-\frac{8}{27}\times 2=-\frac{16}{27}.$$

2. **解** 方法一 由于 $\boldsymbol{A}$ 可逆，$|\boldsymbol{A}|\neq 0$，则 $\boldsymbol{A}^*=|\boldsymbol{A}|\boldsymbol{A}^{-1}$.

同理 $(\boldsymbol{A}^{-1})^*=|\boldsymbol{A}^{-1}|(\boldsymbol{A}^{-1})^{-1}=|\boldsymbol{A}|^{-1}\boldsymbol{A}$，$\boldsymbol{A}^*(\boldsymbol{A}^{-1})^*=|\boldsymbol{A}\boldsymbol{A}^{-1}|\boldsymbol{A}^{-1}\boldsymbol{A}=\boldsymbol{E}$，所以

$$(\boldsymbol{A}^*)^{-1}=(\boldsymbol{A}^{-1})^*=\begin{pmatrix}\begin{vmatrix}2&1\\1&3\end{vmatrix} & -\begin{vmatrix}1&1\\1&3\end{vmatrix} & \begin{vmatrix}1&1\\2&1\end{vmatrix}\\ -\begin{vmatrix}1&1\\1&3\end{vmatrix} & \begin{vmatrix}1&1\\1&3\end{vmatrix} & -\begin{vmatrix}1&1\\1&1\end{vmatrix}\\ \begin{vmatrix}1&2\\1&1\end{vmatrix} & -\begin{vmatrix}1&1\\1&1\end{vmatrix} & \begin{vmatrix}1&1\\1&2\end{vmatrix}\end{pmatrix}=\begin{pmatrix}5&-2&-1\\-2&2&0\\-1&0&1\end{pmatrix}.$$

方法二 $(\boldsymbol{A}^*)^{-1}=|\boldsymbol{A}|^{-1}\boldsymbol{A}$.

第 3 章 矩阵的初等变换与线性方程组

3.1 基础模块

3.1.1 矩阵的初等变换

一、1. 初等行变换；初等列变换. 2. $\boldsymbol{E}$，$\boldsymbol{E}(i,j(2k))$.

二、1. B.

解 $$\begin{pmatrix}a_{11}&a_{12}&a_{13}&a_{14}\\a_{21}&a_{22}&a_{23}&a_{24}\\a_{31}&a_{32}&a_{33}&a_{34}\end{pmatrix}\overset{r_1-3r_3}{\sim}\begin{pmatrix}a_{11}-3a_{31}&a_{12}-3a_{32}&a_{13}-3a_{33}&a_{14}-3a_{34}\\a_{21}&a_{22}&a_{23}&a_{24}\\a_{31}&a_{32}&a_{33}&a_{34}\end{pmatrix}$$

$\Leftrightarrow$

$$\boldsymbol{E}(1,3(-3))\begin{pmatrix}a_{11}&a_{12}&a_{13}&a_{14}\\a_{21}&a_{22}&a_{23}&a_{24}\\a_{31}&a_{32}&a_{33}&a_{34}\end{pmatrix}=\begin{pmatrix}a_{11}-3a_{31}&a_{12}-3a_{32}&a_{13}-3a_{33}&a_{14}-3a_{34}\\a_{21}&a_{22}&a_{23}&a_{24}\\a_{31}&a_{32}&a_{33}&a_{34}\end{pmatrix},$$

所以 $\boldsymbol{P}=\boldsymbol{E}(1,3(-3))=\begin{pmatrix}1&0&-3\\0&1&0\\0&0&1\end{pmatrix}$.

2. B.

解 $\boldsymbol{A}\underset{c_2+c_3}{\overset{r_1\leftrightarrow r_2}{\sim}}\boldsymbol{B}\Leftrightarrow\boldsymbol{E}(1,2)\boldsymbol{A}\boldsymbol{E}(3,2(1))=\boldsymbol{B}$，$\boldsymbol{E}(1,2)=\boldsymbol{P}$，$\boldsymbol{E}(3,2(1))=\boldsymbol{Q}$，所以 $\boldsymbol{B}=\boldsymbol{PAQ}$.

三、利用矩阵初等行变换将下列矩阵化为行阶梯形、行最简形，再通过矩阵初等列变换将其化成标准形.

1. **解**

$$\begin{pmatrix}3&2&-1&-3\\2&-1&3&1\\4&5&-5&-6\end{pmatrix}\underset{r_3\div 2}{\overset{r_1\leftrightarrow r_2}{\sim}}\begin{bmatrix}2&-1&3&1\\3&2&-1&-3\\2&\frac{5}{2}&-\frac{5}{2}&-3\end{bmatrix}\underset{r_2-r_1\times\frac{3}{2}r_3-r_2}{\overset{r_3-r_1}{\sim}}\begin{bmatrix}2&-1&3&1\\0&\frac{7}{2}&-\frac{11}{2}&-\frac{9}{2}\\0&0&0&\frac{1}{2}\end{bmatrix}\text{(行阶梯形)}$$

$$\underset{r_1\times\frac{1}{2}r_3\times 2}{\overset{r_1+r_2\times\frac{2}{7}}{\sim}}\begin{bmatrix}1&0&\frac{5}{7}&-\frac{1}{7}\\0&\frac{7}{2}&-\frac{11}{2}&-\frac{9}{2}\\0&0&0&1\end{bmatrix}\underset{r_2\times\frac{2}{7}r_1+r_3\times\frac{1}{7}}{\overset{r_2+r_3\times\frac{9}{2}}{\sim}}\begin{bmatrix}1&0&\frac{5}{7}&0\\0&1&-\frac{11}{7}&0\\0&0&0&1\end{bmatrix}\text{(行最简形)}$$

$$\underset{c_3+c_2\times\frac{11}{7}}{\overset{c_3-c_1\times\frac{5}{7}}{\sim}}\begin{pmatrix}1&0&0&0\\0&1&0&0\\0&0&0&1\end{pmatrix}\overset{c_3\leftrightarrow c_4}{\sim}\begin{pmatrix}1&0&0&0\\0&1&0&0\\0&0&1&0\end{pmatrix}\text{(标准形).}$$

2. **解**

$$\begin{bmatrix}1&0&0&0\\2&1&0&0\\0&2&1&1\\0&0&2&1\end{bmatrix}\underset{r_3-r_2\times 2}{\overset{r_2-r_1\times 2}{\sim}}\begin{bmatrix}1&0&0&0\\0&1&0&0\\0&0&1&1\\0&0&2&1\end{bmatrix}\overset{r_4-r_3\times 2}{\sim}\begin{bmatrix}1&0&0&0\\0&1&0&0\\0&0&1&1\\0&0&0&-1\end{bmatrix}\text{(阶梯形)}$$

$$\underset{r_4\times(-1)}{\overset{r_3+r_4}{\sim}}\begin{bmatrix}1&0&0&0\\0&1&0&0\\0&0&1&0\\0&0&0&1\end{bmatrix}\text{(行最简形、标准形).}$$

3. **解**

$$\begin{bmatrix}1&3&-2&5&4\\1&4&1&3&5\\1&4&2&4&3\\2&7&-3&6&13\end{bmatrix}\underset{\substack{r_2-r_1\\r_4-r_1\times 2}}{\overset{r_3-r_2}{\sim}}\begin{bmatrix}1&3&-2&5&4\\0&1&3&-2&1\\0&0&1&1&-2\\0&1&1&-4&5\end{bmatrix}\underset{\substack{r_4+r_3\times 2\\r_2-r_3\times 3}}{\overset{r_4-r_2}{\sim}}\begin{bmatrix}1&3&-2&5&4\\0&1&0&-5&7\\0&0&1&1&-2\\0&0&0&0&0\end{bmatrix}\text{(阶梯形)}$$

$$\underset{r_1+r_3\times 2}{\overset{r_1-r_2\times 3}{\sim}}\begin{bmatrix}1&0&0&22&-21\\0&1&0&-5&7\\0&0&1&1&-2\\0&0&0&0&0\end{bmatrix}\text{(行最简形)}$$

$$\underset{\substack{c_4+c_2\times 5\\c_4-c_3}}{\overset{c_4-c_1\times 22}{\sim}}\begin{bmatrix}1&0&0&0&-21\\0&1&0&0&7\\0&0&1&0&-2\\0&0&0&0&0\end{bmatrix}\underset{\substack{c_5-c_2\times 7\\c_5+c_3\times 2}}{\overset{c_5+c_1\times 21}{\sim}}\begin{bmatrix}1&0&0&0&0\\0&1&0&0&0\\0&0&1&0&0\\0&0&0&0&0\end{bmatrix}\text{(标准形).}$$

四、

1. **解**

$$\begin{pmatrix}3&2&1&1&0&0\\3&1&5&0&1&0\\3&2&3&0&0&1\end{pmatrix}\overset{r_2-r_1}{\underset{r_3-r_1}{\sim}}\begin{pmatrix}3&2&1&1&0&0\\0&-1&4&-1&1&0\\0&0&2&-1&0&1\end{pmatrix}\overset{r_1+2r_2}{\underset{r_2-2r_3}{\sim}}\begin{pmatrix}3&0&9&-1&2&0\\0&-1&0&1&1&-2\\0&0&2&-1&0&1\end{pmatrix}$$

$$\overset{r_1\times\frac{1}{3}}{\underset{r_1-r_3\times\frac{3}{2}}{\sim}}\begin{pmatrix}1&0&0&\frac{7}{6}&\frac{2}{3}&-\frac{3}{2}\\0&-1&0&1&1&-2\\0&0&2&-1&0&1\end{pmatrix}\overset{r_2\times(-1)}{\underset{r_3\times\frac{1}{2}}{\sim}}\begin{pmatrix}1&0&0&\frac{7}{6}&\frac{2}{3}&-\frac{3}{2}\\0&1&0&-1&-1&2\\0&0&1&-\frac{1}{2}&0&\frac{1}{2}\end{pmatrix},$$

所以 $\boldsymbol{A}^{-1}=\begin{pmatrix}\frac{7}{6}&\frac{2}{3}&-\frac{3}{2}\\-1&-1&2\\-\frac{1}{2}&0&\frac{1}{2}\end{pmatrix}$.

2. **解**

$$\begin{pmatrix}1&1&2&1&0&0\\2&-1&-2&0&1&0\\2&-2&-3&0&0&1\end{pmatrix}\overset{r_3-r_2}{\underset{r_2-r_1\times2}{\sim}}\begin{pmatrix}1&1&2&1&0&0\\0&-3&-6&-2&1&0\\0&-1&-1&0&-1&1\end{pmatrix}$$

$$\overset{r_1+r_3}{\underset{r_3-r_2\times\frac{1}{3}}{\sim}}\begin{pmatrix}1&0&1&1&-1&1\\0&-3&-6&-2&1&0\\0&0&1&\frac{2}{3}&-\frac{4}{3}&1\end{pmatrix}$$

$$\overset{r_1-r_3}{\underset{r_2+r_3\times6}{\sim}}\begin{pmatrix}1&0&0&\frac{1}{3}&\frac{1}{3}&0\\0&-3&0&2&-7&6\\0&0&1&\frac{2}{3}&-\frac{4}{3}&1\end{pmatrix}$$

$$\overset{r_2\times\left(-\frac{1}{3}\right)}{\sim}\begin{pmatrix}1&0&0&\frac{1}{3}&\frac{1}{3}&0\\0&1&0&-\frac{2}{3}&\frac{7}{3}&-2\\0&0&1&\frac{2}{3}&-\frac{4}{3}&1\end{pmatrix},$$

所以 $\boldsymbol{A}^{-1}=\begin{pmatrix}\frac{1}{3}&\frac{1}{3}&0\\-\frac{2}{3}&\frac{7}{3}&-2\\\frac{2}{3}&-\frac{4}{3}&1\end{pmatrix}$.

五、

1. **解** 方法一 由 $XA=B$，有 $A^TX^T=B^T$，$(A^T \quad B^T)=\begin{pmatrix}1&0&0&1&2\\1&1&0&2&-3\\1&1&1&3&1\end{pmatrix}\overset{r_3-r_2}{\underset{r_2-r_1}{\sim}}$

$\begin{pmatrix}1&0&0&1&2\\0&1&0&1&-5\\0&0&1&1&-4\end{pmatrix}$，所以 $X=\begin{pmatrix}1&1&1\\2&-5&4\end{pmatrix}$.

方法二 $\begin{pmatrix}A\\B\end{pmatrix}=\begin{pmatrix}1&1&1\\0&1&1\\0&0&1\\1&2&3\\2&-3&1\end{pmatrix}\overset{c_3-c_2}{\underset{c_2-c_1}{\sim}}\begin{pmatrix}1&0&0\\0&1&0\\0&0&1\\1&1&1\\2&-5&4\end{pmatrix}$，所以 $X=\begin{pmatrix}1&1&1\\2&-5&4\end{pmatrix}$.

2. **解** $AX=2X+A\Rightarrow(A-2E)X=A\Rightarrow X=(A-2E)^{-1}A$，于是令 $(A-2E,A)\overset{r}{\sim}(E,X)$ 即可.

$$\begin{pmatrix}1&1&1&3&1&1\\0&1&1&0&3&1\\0&0&1&0&0&3\end{pmatrix}\overset{r_1-r_2}{\underset{r_2-r_3}{\sim}}\begin{pmatrix}1&0&0&3&-2&0\\0&1&0&0&3&-2\\0&0&1&0&0&3\end{pmatrix},$$

所以 $X=\begin{pmatrix}3&-2&0\\0&3&-2\\0&0&3\end{pmatrix}$.

3.1.2 矩阵的秩

一、1. 2.

解 因为 $A=\begin{pmatrix}3&1&0&2\\1&-1&2&-1\\1&3&-4&4\end{pmatrix}\sim\begin{pmatrix}1&-1&2&-1\\0&4&-6&5\\0&0&0&0\end{pmatrix}$，非零行的个数为 2，所以 $R(A)=2$.

2. -3.

解 因为 $|A|=(k-1)^3(k+3)=0$，所以有 $k=1$ 或 $k=-3$，但当 $k=1$ 时有 $R(A)=1$，矛盾，所以 $k=-3$.

3. 1.

解 $A^3=\begin{pmatrix}0&0&0&1\\0&0&0&0\\0&0&0&0\\0&0&0&0\end{pmatrix}$，所以秩为 1.

4. 2.

解 方法一 由题设，矩阵 A 的最高阶非零子式为 2，故 $R(A)=2$.

方法二 取 A 为 4×4 矩阵来说明. 不妨设 $i=3$，$j=3$，则

$$A=\begin{pmatrix}0&0&1&0\\0&0&1&0\\1&1&1&1\\0&0&1&0\end{pmatrix}\overset{r_1\leftrightarrow r_3}{\underset{\substack{r_3-r_2\\r_4-r_2}}{\sim}}\begin{pmatrix}1&1&1&1\\0&0&1&0\\0&0&0&0\\0&0&0&0\end{pmatrix},$$

所以 $R(\boldsymbol{A})=2$

5. 0.

解 由矩阵的秩的定义可知 $\boldsymbol{A}$ 的三阶子式均为 0,而 $\boldsymbol{A}^*$ 中的元素 A_{ij} 均为 $\boldsymbol{A}$ 的三阶子式,所以 $\boldsymbol{A}^*$ 是零矩阵,则 $\boldsymbol{A}^*$ 的秩为 0.

二、

1. **解** 易知 $\begin{vmatrix}1&0&0\\1&1&1\\0&1&0\end{vmatrix}=-1\neq 0$,根据定义,其最高阶非零子式的阶数是 3,所以 $r=3$.

用初等变换 $\begin{pmatrix}1&0&0\\1&1&1\\0&1&0\end{pmatrix}\overset{r_2-r_1}{\underset{r_3-r_2}{\sim}}\begin{pmatrix}1&0&0\\0&1&0\\0&0&-1\end{pmatrix}$,所以该矩阵的秩为 3.

2. **解** 根据定义,其中一个三阶子式 $\begin{vmatrix}1&1&2\\4&5&5\\-1&-2&2\end{vmatrix}=1\neq 0$,所以 $r=3$.

用初等变换,因为 $\begin{pmatrix}1&1&2\\4&5&5\\5&8&1\\-1&-2&2\end{pmatrix}\overset{r_2-r_1\times 4}{\underset{\substack{r_3-r_1\times 5\\r_4+r_1}}{\sim}}\begin{pmatrix}1&1&2\\0&1&-3\\0&3&-9\\0&-1&4\end{pmatrix}\overset{r_3-r_2\times 3}{\underset{\substack{r_3+r_2\\r_3\leftrightarrow r_4}}{\sim}}\begin{pmatrix}1&1&2\\0&1&-3\\0&0&1\\0&0&0\end{pmatrix}$,所以该矩阵的秩为 3.

3. **解** 用定义,因为 $\begin{vmatrix}3&5&0&-3\\2&4&-2&-1\\1&2&-9&2\\2&1&-1&-3\end{vmatrix}=0$,所以该矩阵的秩小于 4,而该矩阵的一个三阶子式 $\begin{vmatrix}2&4&-2\\1&2&-9\\2&1&-1\end{vmatrix}=-48$,所以该矩阵的秩为 3.

用初等变换,因为

$$\begin{pmatrix}3&5&0&-3\\2&4&-2&-1\\1&2&-9&2\\2&1&-1&-3\end{pmatrix}\overset{r_3\leftrightarrow r_1}{\sim}\begin{pmatrix}1&2&-9&2\\2&4&-2&-1\\3&5&0&-3\\2&1&-1&-3\end{pmatrix}\overset{r_4-r_2}{\underset{\substack{r_3-r_1\times 3\\r_2-r_1\times 2}}{\sim}}\begin{pmatrix}1&2&-9&2\\0&0&16&-5\\0&-1&27&-9\\0&-3&1&-2\end{pmatrix}$$

$$\overset{r_4-r_3\times 3}{\underset{\substack{r_3\leftrightarrow r_2\\r_4+r_3\times 5}}{\sim}}\begin{pmatrix}1&2&-9&2\\0&-1&27&-9\\0&0&16&-5\\0&0&0&0\end{pmatrix},$$

所以该矩阵的秩为 3.

三、**解** 因为

$$\begin{pmatrix}3&1&1&4\\\lambda&4&10&1\\1&7&17&3\\2&2&4&3\end{pmatrix}\underset{\substack{r_3-r_1\times3\\r_4+r_1\times2}}{\overset{r_1\leftrightarrow r_3}{\sim}}\begin{pmatrix}1&7&17&3\\\lambda&4&10&1\\0&-20&-50&-5\\0&-12&-30&-3\end{pmatrix}\underset{\substack{r_4\times\left(-\frac{1}{3}\right)\\r_4-r_3}}{\overset{r_3\times\left(-\frac{1}{5}\right)}{\sim}}\begin{pmatrix}1&7&17&3\\\lambda&4&10&1\\0&4&10&1\\0&0&0&0\end{pmatrix}\sim\begin{pmatrix}1&7&17&3\\\lambda&0&0&0\\0&4&10&1\\0&0&0&0\end{pmatrix},$$

所以若 $\lambda=0$,则 $R(\boldsymbol{A})=2$; 若 $\lambda\neq0$,则 $R(\boldsymbol{A})=3$.

3.1.3 线性方程组的解

一、1. **解**

$$\begin{pmatrix}1&3&3&2&-1\\2&6&9&5&4\\-1&-3&3&1&13\\0&0&-3&1&-6\end{pmatrix}\underset{r_3+r_1}{\overset{r_2-r_1\times2}{\sim}}\begin{pmatrix}1&3&3&2&-1\\0&0&3&1&6\\0&0&6&3&12\\0&0&-3&1&-6\end{pmatrix}\underset{\substack{r_4+r_2\\r_4-r_3\times2}}{\overset{r_3-r_2\times2}{\sim}}\begin{pmatrix}1&3&3&2&-1\\0&0&3&1&6\\0&0&0&1&0\\0&0&0&0&0\end{pmatrix}$$

$$\underset{\substack{r_1-r_2\\r_2\times\frac{1}{3}}}{\overset{\substack{r_1-2r_3\\r_2-r_3}}{\sim}}\begin{pmatrix}1&3&0&0&-7\\0&0&1&0&2\\0&0&0&1&0\\0&0&0&0&0\end{pmatrix},$$

由此得到与原方程组同解的方程组 $\begin{cases}x_1+3x_2-7x_5=0,\\x_3+2x_5=0,\\x_4=0,\end{cases}$ 因此 x_2,x_5 为自由变量,令 $x_2=c_1,x_5=c_2$,原方程组的解为

$$\begin{pmatrix}x_1\\x_2\\x_3\\x_4\\x_5\end{pmatrix}=c_1\begin{pmatrix}-3\\1\\0\\0\\0\end{pmatrix}+c_2\begin{pmatrix}7\\0\\-2\\0\\1\end{pmatrix}.$$

2. **解**

$$\begin{pmatrix}1&1&-1&-1&1&0\\2&2&1&0&1&1\\3&3&0&-1&2&1\\1&1&2&1&0&1\end{pmatrix}\underset{\substack{r_3-r_1\times3\\r_4-r_1}}{\overset{r_2-r_1\times2}{\sim}}\begin{pmatrix}1&1&-1&-1&1&0\\0&0&3&2&-1&1\\0&0&3&2&-1&1\\0&0&3&2&-1&1\end{pmatrix}\underset{\substack{r_4-r_2\\r_1+r_2\times\frac{1}{3}}}{\overset{r_3-r_2}{\sim}}\begin{pmatrix}1&1&0&-\frac{1}{3}&\frac{2}{3}&\frac{1}{3}\\0&0&3&2&-1&1\\0&0&0&0&0&0\\0&0&0&0&0&0\end{pmatrix},$$

由此得到与原方程组同解的方程组 $\begin{cases}x_1=-x_2+\frac{1}{3}x_4-\frac{2}{3}x_5+\frac{1}{3},\\x_3=-\frac{2}{3}x_4+\frac{1}{3}x_5+\frac{1}{3},\end{cases}$ 因此 x_2,x_4,x_5 为自由变量,令 $x_2=c_1,x_4=c_2,x_5=c_3$,得到原方程组的解为

$$\begin{pmatrix}x_1\\x_2\\x_3\\x_4\\x_5\end{pmatrix}=c_1\begin{pmatrix}-1\\1\\0\\0\\0\end{pmatrix}+c_2\begin{pmatrix}\frac{1}{3}\\0\\-\frac{2}{3}\\1\\0\end{pmatrix}+c_3\begin{pmatrix}-\frac{2}{3}\\0\\\frac{1}{3}\\0\\1\end{pmatrix}+\begin{pmatrix}\frac{1}{3}\\0\\\frac{1}{3}\\0\\0\end{pmatrix}.$$

二、**解** 方法一 由于系数矩阵所对应的行列式$\begin{vmatrix}t&1&1\\1&t&1\\1&1&t\end{vmatrix}=(t+2)(t-1)^2$，故当$t\neq1,-2$时，方程组有唯一解，此时$x_1=\dfrac{\begin{vmatrix}1&1&1\\t&t&1\\t^2&1&t\end{vmatrix}}{\begin{vmatrix}t&1&1\\1&t&1\\1&1&t\end{vmatrix}}=\dfrac{-(t+1)(t-1)^2}{(t+2)(t-1)^2}=-\dfrac{t+1}{t+2}$，同理得$x_2=\dfrac{1}{t+2}$，$x_3=\dfrac{(t+1)^2}{t+2}$.

当$t=1$时，增广矩阵为$\begin{pmatrix}1&1&1&1\\1&1&1&1\\1&1&1&1\end{pmatrix}\sim\begin{pmatrix}1&1&1&1\\0&0&0&0\\0&0&0&0\end{pmatrix}$，原方程组有无穷多组解，以$x_2$，$x_3$为自由变量，令$x_2=c_1$，$x_3=c_2$，因此原方程组的解为

$$\begin{pmatrix}x_1\\x_2\\x_3\end{pmatrix}=c_1\begin{pmatrix}-1\\1\\0\end{pmatrix}+c_2\begin{pmatrix}-1\\0\\1\end{pmatrix}+\begin{pmatrix}1\\0\\0\end{pmatrix}.$$

当$t=-2$时，增广矩阵为$\begin{pmatrix}-2&1&1&1\\1&-2&1&-2\\1&1&-2&4\end{pmatrix}\sim\begin{pmatrix}1&-2&1&-2\\0&-3&3&-3\\0&0&0&3\end{pmatrix}$，因系数矩阵的秩为2，而增广矩阵的秩为3，无解.

方法二 $\boldsymbol{B}=\begin{pmatrix}t&1&1&1\\1&t&1&t\\1&1&t&t^2\end{pmatrix}\overset{r_1\leftrightarrow r_3}{\sim}\begin{pmatrix}1&1&t&t^2\\1&t&1&t\\t&1&1&1\end{pmatrix}\underset{r_3-r_1\times t}{\overset{r_2-r_1}{\sim}}\begin{pmatrix}1&1&t&t^2\\0&t-1&1-t&t-t^2\\0&1-t&1-t^2&1-t^3\end{pmatrix}$

$$\overset{r_3+r_2}{\sim}\begin{pmatrix}1&1&t&t^2\\0&t-1&1-t&t-t^2\\0&0&-t^2-t+2&1-t^3-t^2+t\end{pmatrix}.$$

(1) 当$-t^2-t+2\neq0$即$t\neq1$且$t\neq-2$时,方程组有唯一解. 此时原方程组等价于下面的方程组$\begin{cases}x_1=t^2-x_2-tx_3,\\(t-1)x_2=t-t^2-(1-t)x_3,\\(1-t)(t+2)x_3=(1-t)(1+t)^2,\end{cases}$ 由此可知原方程组的解为$\begin{pmatrix}x_1\\x_2\\x_3\end{pmatrix}=\begin{pmatrix}-\frac{t+1}{t+2}\\\frac{1}{t+2}\\\frac{(1+t)^2}{t+2}\end{pmatrix}$.

(2) 当$t=1$时,同方法一.

(3) 当$t=-2$时,同方法一.

3.2 综合训练

一、1. $\begin{pmatrix}1&0&0\\0&0&1\\0&\frac{1}{3}&0\end{pmatrix}$,$\begin{pmatrix}1&0&0\\0&0&3\\0&1&0\end{pmatrix}$.

解 $\boldsymbol{E}\left(3\left(\frac{1}{3}\right)\right)\boldsymbol{E}(2,3)\boldsymbol{A}=\boldsymbol{B}$,所以

$$\boldsymbol{BA}^{-1}=\boldsymbol{E}\left(3\left(\frac{1}{3}\right)\right)\boldsymbol{E}(2,3)=\begin{pmatrix}1&0&0\\0&1&0\\0&0&\frac{1}{3}\end{pmatrix}\begin{pmatrix}1&0&0\\0&0&1\\0&1&0\end{pmatrix}=\begin{pmatrix}1&0&0\\0&0&1\\0&\frac{1}{3}&0\end{pmatrix},$$

$$\boldsymbol{AB}^{-1}=\boldsymbol{A}\left(\boldsymbol{E}\left(3\left(\frac{1}{3}\right)\right)\boldsymbol{E}(2,3)\boldsymbol{A}\right)^{-1}=\left(\boldsymbol{E}(2,3)\right)^{-1}\left(\boldsymbol{E}\left(3\left(\frac{1}{3}\right)\right)\right)^{-1}=\begin{pmatrix}1&0&0\\0&0&3\\0&1&0\end{pmatrix}.$$

2. $\begin{pmatrix}c&b&a\\f&e&d\\i&h&g\end{pmatrix}$.

解 用初等矩阵$\begin{pmatrix}0&1&0\\1&0&0\\0&0&1\end{pmatrix}$左乘$\begin{pmatrix}a&b&c\\d&e&f\\g&h&i\end{pmatrix}$表示将矩阵$\begin{pmatrix}a&b&c\\d&e&f\\g&h&i\end{pmatrix}$第一行与第二行交换1次,$\begin{pmatrix}0&1&0\\1&0&0\\0&0&1\end{pmatrix}^{10}\begin{pmatrix}a&b&c\\d&e&f\\g&h&i\end{pmatrix}$仍为矩阵$\begin{pmatrix}a&b&c\\d&e&f\\g&h&i\end{pmatrix}$,再右乘初等矩阵$\begin{pmatrix}0&0&1\\0&1&0\\1&0&0\end{pmatrix}$表示将矩阵$\begin{pmatrix}a&b&c\\d&e&f\\g&h&i\end{pmatrix}$第一列与第三列交换1次,$\begin{pmatrix}a&b&c\\d&e&f\\g&h&i\end{pmatrix}\begin{pmatrix}0&0&1\\0&1&0\\1&0&0\end{pmatrix}^{19}$为矩阵$\begin{pmatrix}c&b&a\\f&e&d\\i&h&g\end{pmatrix}$.

3. $\mathrm{R}(\boldsymbol{A})<n$.

4. 3.

解 有无穷多解的充分必要条件是系数矩阵的秩等于增广矩阵的秩且小于未知数的个

数，于是可得 $\lambda=3$.

二、1. C.

解 反证法. 假设 $r>s$，由 $\boldsymbol{BA}=\boldsymbol{E}$ 知，$R(\boldsymbol{E})\leqslant R(\boldsymbol{A})$，又 $R(\boldsymbol{E})=r$，$R(\boldsymbol{A})\leqslant\min\{r,s\}=s$，即 $r\leqslant s$，矛盾.

2. C.

解 因为 $R(\boldsymbol{A})\leqslant\min\{R(\boldsymbol{B}),R(\boldsymbol{C})\}$，故选 C.

*3. C.

解 $\boldsymbol{E}(1,2)\boldsymbol{A}=\boldsymbol{B}$，所以 $|\boldsymbol{A}|=-|\boldsymbol{B}|$. 又 $\boldsymbol{A}^*=|\boldsymbol{A}|\boldsymbol{A}^{-1}$，所以 $\boldsymbol{B}^*=|\boldsymbol{B}|\boldsymbol{B}^{-1}=-|\boldsymbol{A}|(\boldsymbol{E}(1,2)\boldsymbol{A})^{-1}=-|\boldsymbol{A}|\boldsymbol{A}^{-1}(\boldsymbol{E}(1,2))^{-1}=-|\boldsymbol{A}|\boldsymbol{A}^{-1}\boldsymbol{E}(1,2)=-\boldsymbol{A}^*\boldsymbol{E}(1,2)$.

4. B.

解 因为非齐次线性方程组 $\boldsymbol{Ax}=\boldsymbol{b}$ 中方程个数少于未知数个数，所以 $R(\boldsymbol{A})<n$，故选 B.

三、**解** 记 $\boldsymbol{A}=\begin{pmatrix}1&1&-1\\0&2&3\\1&-1&0\end{pmatrix}$，$\boldsymbol{B}=\begin{pmatrix}1&-1&1\\1&1&0\\0&0&1\end{pmatrix}$，则 $\boldsymbol{X}=\boldsymbol{BA}^{-1}$，只需 $\begin{pmatrix}\boldsymbol{A}\\\boldsymbol{B}\end{pmatrix}\overset{c}{\sim}\begin{pmatrix}\boldsymbol{E}\\\boldsymbol{X}\end{pmatrix}$. 又

$$\begin{pmatrix}1&1&-1\\0&2&3\\1&-1&0\\1&-1&1\\1&1&0\\0&0&1\end{pmatrix}\underset{c_3+c_1}{\overset{c_2-c_1}{\sim}}\begin{pmatrix}1&0&0\\0&2&3\\1&-2&1\\1&-2&2\\1&0&1\\0&0&1\end{pmatrix}\underset{c_3-3c_2}{\overset{c_2\times\frac{1}{2}}{\sim}}\begin{pmatrix}1&0&0\\0&1&0\\1&-1&4\\1&-1&5\\1&0&1\\0&0&1\end{pmatrix}\underset{\substack{c_1-c_3\\c_2+c_3}}{\overset{c_3\times\frac{1}{4}}{\sim}}\begin{pmatrix}1&0&0\\0&1&0\\0&0&1\\-\frac{1}{4}&\frac{1}{4}&\frac{5}{4}\\\frac{3}{4}&\frac{1}{4}&\frac{1}{4}\\-\frac{1}{4}&\frac{1}{4}&\frac{1}{4}\end{pmatrix},$$

故 $\boldsymbol{X}=\begin{pmatrix}-\frac{1}{4}&\frac{1}{4}&\frac{5}{4}\\\frac{3}{4}&\frac{1}{4}&\frac{1}{4}\\-\frac{1}{4}&\frac{1}{4}&\frac{1}{4}\end{pmatrix}$.

*四、**证明** 若 $R(\boldsymbol{A})=n$，此时矩阵 $\boldsymbol{A}$ 可逆，则 $|\boldsymbol{A}|\neq0$，又 $|\boldsymbol{A}^*|=|\boldsymbol{A}|^{n-1}\neq0$，所以 $\boldsymbol{A}^*$ 可逆，即 $R(\boldsymbol{A}^*)=n$.

若 $R(\boldsymbol{A})=n-1$，也就是 $\boldsymbol{A}$ 中有 $n-1$ 阶非零子式，$\boldsymbol{A}^*$ 中有非零元素，从而得知 $R(\boldsymbol{A}^*)\geqslant1$，又由于 $\boldsymbol{AA}^*=|\boldsymbol{A}|\boldsymbol{E}$，及 $R(\boldsymbol{A})=n-1$ 知 $|\boldsymbol{A}|=0$，即得 $\boldsymbol{AA}^*=\boldsymbol{0}$. 故 $R(\boldsymbol{A})+R(\boldsymbol{A}^*)\leqslant n$，所以 $R(\boldsymbol{A}^*)=1$.

若 $R(\boldsymbol{A})<n-1$，也就是 $\boldsymbol{A}$ 中所有 $n-1$ 阶子式均为零，即 $\boldsymbol{A}^*$ 为零矩阵，故 $R(\boldsymbol{A}^*)=0$.

3.3 模拟考场

一、(1) 对；(2) 对；(3) 对；(4) 错；(5) 对；(6) 对；(7) 对；(8) 错.

二、(1) $\boldsymbol{P}_1\boldsymbol{P}_2\boldsymbol{A}^{-1}$.

解 本题考查初等变换与初等矩阵之间的关系及初等矩阵的性质,由已知 $\boldsymbol{B}=\boldsymbol{A}\boldsymbol{P}_2\boldsymbol{P}_1$,故 $\boldsymbol{B}^{-1}=\boldsymbol{P}_1^{-1}\boldsymbol{P}_2^{-1}\boldsymbol{A}^{-1}=\boldsymbol{P}_1\boldsymbol{P}_2\boldsymbol{A}^{-1}$.

(2) 2.

解 由于 $|\boldsymbol{B}|\neq 0$,即 $\boldsymbol{B}$ 可逆,所以 $\mathrm{R}(\boldsymbol{AB})=\mathrm{R}(\boldsymbol{A})=2$.

(3) $a=3$ 或 $a=-1$.

解 $\boldsymbol{A}=\begin{pmatrix}1&2&1\\2&3&a+2\\1&a&-2\\2&a+2&-1\end{pmatrix}\sim\begin{pmatrix}1&2&1\\0&-1&a\\0&a-2&-3\\0&0&0\end{pmatrix}$,因为 $\boldsymbol{A}$ 的秩为 2,那么非零行的个数就为 2,所以$\dfrac{-1}{a-2}=\dfrac{a}{-3}$,解得 $a=3$ 或 $a=-1$.

(4) -2.

解 由 $|\boldsymbol{A}|=\begin{vmatrix}a&1&1\\1&a&1\\1&1&a\end{vmatrix}=0$ 得,$a=1$ 或 $a=-2$,当 $a=1$ 时,$\mathrm{R}(\boldsymbol{A})=1$,对增广矩阵 $\boldsymbol{B}$,有 $\mathrm{R}(\boldsymbol{B})=2$,此时方程组无解,所以 $a=1$ 舍去.

(5) 5 或-1.

解 方程组无解$\Leftrightarrow\mathrm{R}(\boldsymbol{A})\neq\mathrm{R}(\boldsymbol{B})$. 因为

$$\boldsymbol{B}=\begin{pmatrix}1&2&1&1\\2&3&a&3\\1&a&-8&0\end{pmatrix}\sim\begin{pmatrix}1&2&1&1\\0&-1&a-2&1\\0&a-2&-9&-1\end{pmatrix}\sim\begin{pmatrix}1&2&1&1\\0&-1&a-2&1\\0&0&-9+(a-2)^2&-1+(a-2)\end{pmatrix}.$$

所以$-9+(a-2)^2=0$,$-1+(a-2)\neq 0$,即 $a=5$ 或-1.

(6) 1.

解 若 $\boldsymbol{A}_{m\times n}\boldsymbol{B}_{n\times l}=\boldsymbol{0}_{m\times l}$,则必有 $\mathrm{R}(\boldsymbol{A})+\mathrm{R}(\boldsymbol{B})\leqslant n$. 即 $\mathrm{R}(\boldsymbol{A})+\mathrm{R}(\boldsymbol{B})\leqslant 3$. 当 $t\neq 6$ 时,$\mathrm{R}(\boldsymbol{B})=2$,而 $\boldsymbol{A}$ 为非零矩阵,所以 $\mathrm{R}(\boldsymbol{A})=1$.

(7) 2.

解 由于 $|\boldsymbol{B}|\neq 0$,即 $\boldsymbol{B}$ 可逆,所以 $\mathrm{R}(\boldsymbol{AB})=\mathrm{R}(\boldsymbol{A})=2$.

(8) $a_1+a_2+a_3+a_4=0$.

解 增广矩阵$(\boldsymbol{A},\boldsymbol{b})=\begin{pmatrix}1&1&0&0&-a_1\\0&1&1&0&a_2\\0&0&1&1&-a_3\\1&0&0&1&a_4\end{pmatrix}\sim\begin{pmatrix}1&1&0&0&-a_1\\0&1&1&0&a_2\\0&0&1&1&-a_3\\0&0&0&0&a_1+a_2+a_3+a_4\end{pmatrix}$,若使线性方程组有解,那么系数矩阵的秩要等于增广矩阵的秩,所以 $a_1+a_2+a_3+a_4=0$.

三、解　因为 $\lambda\boldsymbol{E}-\boldsymbol{A}=\begin{pmatrix}1&1&-1\\-2&-2&2\\3&3&-3\end{pmatrix}\sim\begin{pmatrix}1&1&-1\\0&0&0\\0&0&0\end{pmatrix}$，所以 $R(\lambda\boldsymbol{E}-\boldsymbol{A})=1$.

四、(1) 解　$\boldsymbol{A}\underset{r_3-2r_1}{\overset{r_2-3r_1}{\sim}}\begin{pmatrix}1&2&3\\0&-5&-7\\0&-3&-3\end{pmatrix}\underset{r_2+5r_3}{\overset{r_3\times(-\frac{1}{3})}{\sim}}\begin{pmatrix}1&2&3\\0&0&-2\\0&1&1\end{pmatrix}\underset{r_3-r_2}{\overset{r_2\times(-\frac{1}{2})}{\sim}}\begin{pmatrix}1&2&3\\0&0&1\\0&1&0\end{pmatrix}$

$$\underset{r_3\leftrightarrow r_2}{\overset{r_1-2r_2-3r_3}{\sim}}\begin{pmatrix}1&0&0\\0&1&0\\0&0&1\end{pmatrix}.$$

(2) 解　$\boldsymbol{A}\overset{r_1\leftrightarrow r_3}{\underset{\substack{r_2+4r_1\\r_3-2r_1}}{\sim}}\begin{pmatrix}1&1&-1&-1\\0&4&4&2\\0&1&6&5\end{pmatrix}\overset{r_2-4r_3}{\underset{\substack{r_2\leftrightarrow r_3\\r_2\times(-\frac{1}{20})}}{\sim}}\begin{pmatrix}1&1&-1&-1\\0&1&6&5\\0&0&1&\frac{9}{10}\end{pmatrix}$

$$\underset{r_1-r_2+r_3}{\overset{r_2-6r_3}{\sim}}\begin{pmatrix}1&0&0&\frac{3}{10}\\0&1&0&-\frac{2}{5}\\0&0&1&\frac{9}{10}\end{pmatrix}\overset{c_4-\frac{3}{10}c_1+\frac{2}{5}c_2-\frac{9}{10}c_3}{\sim}\begin{pmatrix}1&0&0&0\\0&1&0&0\\0&0&1&0\end{pmatrix}.$$

五、证明　$\boldsymbol{B}=\begin{pmatrix}1&a_1&a_1^2&a_1^3\\1&a_2&a_2^2&a_2^3\\1&a_3&a_3^2&a_3^3\\1&a_4&a_4^2&a_4^3\end{pmatrix}$，其行列式为范德蒙德行列式，由于 a_1,a_2,a_3,a_4 互不相等，则 $|\boldsymbol{B}|\neq0$，即 $R(\boldsymbol{B})=4$，又 $R(\boldsymbol{A})\leqslant3$，即 $R(\boldsymbol{A})\neq R(\boldsymbol{B})$，所以方程组无解.

六、解

$$\boldsymbol{A}\sim\begin{pmatrix}1&-2&3k\\0&2k-2&3k-3\\0&2k-2&3-3k^2\end{pmatrix}\sim\begin{pmatrix}1&-2&3k\\0&2k-2&3k-3\\0&0&6-3k-3k^2\end{pmatrix}\sim\begin{pmatrix}1&-2&3k\\0&2k-2&3k-3\\0&0&3(k+2)(k-1)\end{pmatrix}.$$

当 $k=1$ 时，$\boldsymbol{A}\sim\begin{pmatrix}1&-2&3\\0&0&0\\0&0&0\end{pmatrix}$，此时 $R(\boldsymbol{A})=1$；

当 $k=-2$ 时，$\boldsymbol{A}\sim\begin{pmatrix}1&-2&-6\\0&-6&-9\\0&0&0\end{pmatrix}$，此时 $R(\boldsymbol{A})=2$；

当 $k\neq1$ 且 $k\neq-2$ 时，$|\boldsymbol{A}|\neq0$，此时 $R(\boldsymbol{A})=3$.

七、解 $B=\begin{pmatrix}2-\lambda & 2 & -2 & 1\\ 2 & 5-\lambda & -4 & 2\\ -2 & -4 & 5-\lambda & -\lambda-1\end{pmatrix}\sim\begin{pmatrix}1 & 2 & \frac{\lambda-5}{2} & \frac{\lambda+1}{2}\\ 0 & 1-\lambda & 1-\lambda & 1-\lambda\\ 2-\lambda & 2 & -2 & 1\end{pmatrix}$

$$\sim\begin{pmatrix}1 & 2 & \frac{\lambda-5}{2} & \frac{\lambda+1}{2}\\ 0 & \lambda-1 & \lambda-1 & \lambda-1\\ 0 & 2(\lambda-1) & \frac{(\lambda-1)(\lambda-6)}{2} & \frac{\lambda(\lambda-1)}{2}\end{pmatrix}$$

$$\sim\begin{pmatrix}1 & 2 & \frac{\lambda-5}{2} & \frac{\lambda+1}{2}\\ 0 & \lambda-1 & \lambda-1 & \lambda-1\\ 0 & 0 & \frac{(\lambda-1)(\lambda-10)}{2} & \frac{(\lambda-4)(\lambda-1)}{2}\end{pmatrix}.$$

当 $\lambda=1$ 时，$B\sim\begin{pmatrix}1 & 2 & -2 & 1\\ 0 & 0 & 0 & 0\\ 0 & 0 & 0 & 0\end{pmatrix}$，$R(A)=R(B)=1$，方程组有无穷多解且可表示为

$$\begin{pmatrix}x_1\\ x_2\\ x_3\end{pmatrix}=k_1\begin{pmatrix}-2\\ 1\\ 0\end{pmatrix}+k_2\begin{pmatrix}2\\ 0\\ 1\end{pmatrix}+\begin{pmatrix}1\\ 0\\ 0\end{pmatrix};$$

当 $\lambda=10$ 时，$B\sim\begin{pmatrix}1 & 2 & \frac{5}{2} & \frac{11}{2}\\ 0 & 1 & 1 & 1\\ 0 & 0 & 0 & 1\end{pmatrix}$，$R(A)=2\neq R(B)=3$，方程组无解；

当 $\lambda\neq1,\lambda\neq10$ 时，$B\sim\begin{pmatrix}1 & 2 & \frac{\lambda-5}{2} & \frac{\lambda+1}{2}\\ 0 & 1 & 1 & 1\\ 0 & 0 & \frac{\lambda-10}{2} & \frac{\lambda-4}{2}\end{pmatrix}$，$R(A)=R(B)=3$，方程组有唯一解.

第 4 章 向量组的线性相关性

4.1 基础模块

4.1.1 向量组及其线性组合

一、1. $\boldsymbol{\alpha}=3\boldsymbol{\alpha}_1+4\boldsymbol{\alpha}_2+2\boldsymbol{\alpha}_3$. 2. C.

二、解 若$\boldsymbol{\beta}=x_1\boldsymbol{\alpha}_1+x_2\boldsymbol{\alpha}_2+x_3\boldsymbol{\alpha}_3$，即线性方程组$\begin{cases}ax_1-2x_2-x_3=1,\\ 2x_1+x_2+x_3=b,\\ 10x_1+5x_2+4x_3=c\end{cases}$ 有解，也就是系

数矩阵的秩与增广矩阵的秩相等. 因为 $|\boldsymbol{A}|=\begin{vmatrix} a & -2 & -1 \\ 2 & 1 & 1 \\ 10 & 5 & 4 \end{vmatrix} \xlongequal[r_3+4r_1]{r_1+r_2} \begin{vmatrix} a & -2 & -1 \\ a+2 & -1 & 0 \\ 10+4a & -3 & 0 \end{vmatrix}=$ $-(a+4)$,故当 $a\neq-4$ 时,有唯一解,此时可以线性表出.

当 $a=-4$ 时,增广矩阵 $\begin{pmatrix} -4 & -2 & -1 & 1 \\ 2 & 1 & 1 & b \\ 10 & 5 & 4 & c \end{pmatrix} \overset{r_1+2r_2}{\underset{r_1-3r_2+r_3}{\sim}} \begin{pmatrix} -4 & -2 & -1 & 1 \\ 0 & 0 & 1 & 2b+1 \\ 0 & 0 & 0 & c-3b+1 \end{pmatrix}$. 若 $c-3b+1=0$,则可线性表出.

综上,当 $a\neq-4$ 或 $\begin{cases} a=4, \\ c-3b+1=0 \end{cases}$ 时,向量 $\boldsymbol{\beta}$ 可由向量组 $\boldsymbol{\alpha}_1,\boldsymbol{\alpha}_2,\boldsymbol{\alpha}_3$ 线性表出.

4.1.2 向量组的线性相关性

一、1. 错. 2. 对. 3. 错. 4. 错. 5. 对.

二、1. D. 2. D. 3. B. 4. A.

三、**解** 设 k_1,k_2,k_3,使 $k_1\boldsymbol{\alpha}_1+k_2\boldsymbol{\alpha}_2+k_3\boldsymbol{\alpha}_3=\boldsymbol{0}$,判断齐次方程组解的情况,由 $\begin{vmatrix} 3 & 3 & 3 \\ 2 & -1 & 5 \\ -5 & 3 & -13 \end{vmatrix}=0$,则齐次方程组有非零解,故向量组线性相关.

四、**解** 由向量组线性无关,有 $\begin{vmatrix} c & 1 & 1 \\ 1 & c & 1 \\ 1 & 1 & c \end{vmatrix}=(c+2)(c-1)^2\neq0$ 解得 $c\neq1,c\neq-2$.

五、**证明** 设 k_1,k_2,k_3 使 $k_1(2\boldsymbol{\alpha}_1+\boldsymbol{\alpha}_2)+k_2(\boldsymbol{\alpha}_2+5\boldsymbol{\alpha}_3)+k_3(4\boldsymbol{\alpha}_3+3\boldsymbol{\alpha}_1)=\boldsymbol{0}$,则

$$(2k_1+3k_3)\boldsymbol{\alpha}_1+(k_1+k_2)\boldsymbol{\alpha}_2+(5k_2+4k_3)\boldsymbol{\alpha}_3=\boldsymbol{0}.$$

由 $\boldsymbol{\alpha}_1,\boldsymbol{\alpha}_2,\boldsymbol{\alpha}_3$ 线性无关,则 $\begin{cases} 2k_1+3k_3=0, \\ k_1+k_2=0, \\ 5k_2+4k_3=0. \end{cases}$ 又因为 $\begin{vmatrix} 2 & 0 & 3 \\ 1 & 1 & 0 \\ 0 & 5 & 4 \end{vmatrix}=8+15\neq0$,所以齐次方程组只有零解,则 $2\boldsymbol{\alpha}_1+\boldsymbol{\alpha}_2,\boldsymbol{\alpha}_2+5\boldsymbol{\alpha}_3,4\boldsymbol{\alpha}_3+3\boldsymbol{\alpha}_1$ 也线性无关.

4.1.3 向量组的秩

一、1. $k+1$. 2. 2. 3. D.

二、**解** $\boldsymbol{A}=\begin{pmatrix} 1 & 2 & 4 & 5 \\ 1 & 3 & 5 & 6 \\ 1 & 4 & 6 & 7 \\ 1 & 5 & 7 & 8 \end{pmatrix} \underset{\substack{r_3-r_1 \\ r_4-r_1}}{\overset{r_2-r_1}{\sim}} \begin{pmatrix} 1 & 2 & 4 & 5 \\ 0 & 1 & 1 & 1 \\ 0 & 2 & 2 & 2 \\ 0 & 3 & 3 & 3 \end{pmatrix} \sim \begin{pmatrix} 1 & 2 & 4 & 5 \\ 0 & 1 & 1 & 1 \\ 0 & 0 & 0 & 0 \\ 0 & 0 & 0 & 0 \end{pmatrix}$,所以秩为 2.

$\boldsymbol{\alpha}_1=(1,1,1,1)^{\mathrm{T}},\boldsymbol{\alpha}_2=(2,3,4,5)^{\mathrm{T}}$ 为列向量组的一组极大线性无关组,$\boldsymbol{\beta}_1=(1,2,4,5)^{\mathrm{T}}$,$\boldsymbol{\beta}_2=(1,3,5,6)^{\mathrm{T}}$ 为行向量组的一组极大线性无关组.

三、解 $\begin{pmatrix}1&1&3&0&1&-1\\2&1&4&1&1&-1\\3&1&5&0&0&2\\4&1&6&2&6&3\end{pmatrix}\overset{-2r_1+r_2,\ -3r_1+r_3}{\underset{-4r_1+r_4}{\sim}}\begin{pmatrix}1&1&3&0&1&-1\\0&-1&-2&1&-1&1\\0&-2&-4&0&-3&5\\0&-3&-6&2&2&7\end{pmatrix}\overset{2r_2+r_3}{\underset{3r_2+r_4}{\sim}}$

$$\begin{pmatrix}1&1&3&0&1&-1\\0&-1&-2&1&-1&1\\0&0&0&-2&-1&3\\0&0&0&-1&5&4\end{pmatrix}\sim\begin{pmatrix}1&1&3&0&1&-1\\0&-1&-2&1&-1&1\\0&0&0&-2&-1&3\\0&0&0&0&5.5&2.5\end{pmatrix}$$

则秩为 4,极大无关组为$\boldsymbol{\alpha}_1=(1,2,3,4)^{\mathrm{T}}$,$\boldsymbol{\alpha}_2=(1,1,1,1)^{\mathrm{T}}$,$\boldsymbol{\alpha}_4=(0,1,0,2)^{\mathrm{T}}$,$\boldsymbol{\alpha}_5=(1,1,0,6)^{\mathrm{T}}$.

4.1.4 线性方程组解的结构

一、1. $\boldsymbol{x}=(\boldsymbol{\beta}_1-\boldsymbol{\beta}_2)c+\boldsymbol{\beta}_1$.

解 由 $\mathrm{R}(\boldsymbol{A})=\mathrm{R}(\boldsymbol{A},\boldsymbol{b})=2$,得齐次线性方程组的基础解系为$\boldsymbol{\beta}_1-\boldsymbol{\beta}_2$,特解为$\boldsymbol{\beta}_1$,$\boldsymbol{\beta}_2$,所以通解为 $\boldsymbol{x}=(\boldsymbol{\beta}_1-\boldsymbol{\beta}_2)c+\boldsymbol{\beta}_1$.

2. -2.

解 令$|\boldsymbol{A}|=\begin{vmatrix}a&1&1\\1&a&1\\1&1&a\end{vmatrix}=(a-1)^2(a+2)=0$,得 $a=1$ 或 $a=-2$.

当 $a=1$ 时,$\mathrm{R}(\boldsymbol{A})=1$,而 $\mathrm{R}(\boldsymbol{A},\boldsymbol{b})=2\neq\mathrm{R}(\boldsymbol{A})$,故无解.

当 $a=-2$ 时,有

$$(\boldsymbol{A},\boldsymbol{b})=\begin{pmatrix}-2&1&1&1\\1&-2&1&1\\1&1&-2&-2\end{pmatrix}\sim\begin{pmatrix}1&-2&1&1\\0&-3&3&3\\0&0&0&0\end{pmatrix},$$

故有 $\mathrm{R}(\boldsymbol{A},\boldsymbol{b})=\mathrm{R}(\boldsymbol{A})=2<3$,故线性方程组有无穷多解.

二、1. A,B. 2. C. 3. A.

三、解 由系数矩阵

$$\boldsymbol{A}=\begin{pmatrix}0&1&3&1&-1\\1&-1&3&-4&2\\1&1&-1&2&1\\1&0&-1&0&1\end{pmatrix}\overset{r_1\leftrightarrow r_2}{\underset{\substack{r_3-r_1\\r_4-r_1}}{\sim}}\begin{pmatrix}1&-1&3&-4&2\\0&1&3&1&-1\\0&2&-4&6&-1\\0&1&-4&4&-1\end{pmatrix}\overset{r_4-r_2}{\underset{r_3-2r_2}{\sim}}\begin{pmatrix}1&-1&3&-4&2\\0&1&3&1&-1\\0&0&-10&4&1\\0&0&-7&3&0\end{pmatrix}$$

$$\overset{r_4-\frac{7}{10}r_3}{\sim}\begin{pmatrix}1&-1&3&-4&2\\0&1&3&1&-1\\0&0&-10&4&1\\0&0&0&\frac{1}{5}&-\frac{7}{10}\end{pmatrix}\overset{r_4\times5,\ r_3\times\left(-\frac{1}{10}\right)+\frac{2}{5}r_4}{\underset{\substack{r_2-r_4\\r_1+4r_4}}{\sim}}\begin{pmatrix}1&-1&3&0&-12\\0&1&3&0&\frac{5}{2}\\0&0&1&0&-\frac{3}{2}\\0&0&0&1&-\frac{7}{2}\end{pmatrix}\overset{r_1-3r_3}{\underset{r_2-3r_3}{\sim}}\begin{pmatrix}1&-1&0&0&-\frac{15}{2}\\0&1&0&0&7\\0&0&1&0&-\frac{3}{2}\\0&0&0&1&-\frac{7}{2}\end{pmatrix}$$

$$\overset{r_1+r_2}{\sim}\begin{pmatrix}1&0&0&0&-\frac{1}{2}\\0&1&0&0&7\\0&0&1&0&-\frac{3}{2}\\0&0&0&1&-\frac{7}{2}\end{pmatrix},$$

得

$$\begin{cases}x_1=0.5x_5\\x_2=-7x_5\\x_3=1.5x_5\\x_4=3.5x_5\end{cases}，\quad 所以 \begin{pmatrix}x_1\\x_2\\x_3\\x_4\\x_5\end{pmatrix}=\begin{pmatrix}0.5\\-7\\1.5\\3.5\\1\end{pmatrix}c \quad (c\ 为任意实数).$$

四、解 由 $R(\boldsymbol{\alpha}_1,\boldsymbol{\alpha}_2,\boldsymbol{\alpha}_3)=3$ 知 $0\neq\begin{vmatrix}a&-2&-1\\2&1&1\\10&5&4\end{vmatrix}=-4-a$，故 $a\neq-4$. 此时也有 $R(\boldsymbol{\alpha}_1,\boldsymbol{\alpha}_2,\boldsymbol{\alpha}_3,\boldsymbol{\beta})=3$，故

(1) 当 $a\neq-4$ 时，$\boldsymbol{\beta}$ 可由 $\boldsymbol{\alpha}_1,\boldsymbol{\alpha}_2,\boldsymbol{\alpha}_3$ 线性表示，且表示唯一.

(2) 当 $a=-4$ 时，$R(\boldsymbol{\alpha}_1,\boldsymbol{\alpha}_2,\boldsymbol{\alpha}_3)=2$，而

$$R(\boldsymbol{\alpha}_1,\boldsymbol{\alpha}_2,\boldsymbol{\alpha}_3,\boldsymbol{\beta})=R\begin{pmatrix}-4&-2&-1&1\\2&1&1&b\\10&5&4&c\end{pmatrix}=R\begin{pmatrix}2&1&1&b\\0&0&1&1+2b\\0&0&-1&c-5b\end{pmatrix}.$$

若 $1+2b\neq5b-c\Rightarrow3b-c\neq1$，则 $R(\boldsymbol{\alpha}_1,\boldsymbol{\alpha}_2,\boldsymbol{\alpha}_3,\boldsymbol{\beta})=3\neq R(\boldsymbol{\alpha}_1,\boldsymbol{\alpha}_2,\boldsymbol{\alpha}_3)$，故 $\boldsymbol{\beta}$ 不能由 $\boldsymbol{\alpha}_1,\boldsymbol{\alpha}_2,\boldsymbol{\alpha}_3$ 线性表示.

(3) 当 $a=-4$ 且 $3b-c=1$ 时，有 $R(\boldsymbol{\alpha}_1,\boldsymbol{\alpha}_2,\boldsymbol{\alpha}_3,\boldsymbol{\beta})=R(\boldsymbol{\alpha}_1,\boldsymbol{\alpha}_2,\boldsymbol{\alpha}_3)=2<3$，$\boldsymbol{\beta}$ 可由 $\boldsymbol{\alpha}_1,\boldsymbol{\alpha}_2,\boldsymbol{\alpha}_3$ 线性表示，且因 $\boldsymbol{\alpha}_1,\boldsymbol{\alpha}_2,\boldsymbol{\alpha}_3$ 线性相关，故表示系数不唯一，此时令 $k_1\boldsymbol{\alpha}_1+k_2\boldsymbol{\alpha}_2+k_3\boldsymbol{\alpha}_3=\boldsymbol{\beta}$，有

$$\begin{cases}2k_1+k_2+k_3=b,\\k_3=1+2b\end{cases}\Rightarrow\begin{pmatrix}k_1\\k_2\\k_3\end{pmatrix}=\begin{pmatrix}t\\-2t-b-1\\1+2b\end{pmatrix}，\quad t\ 为任意常数.$$

五、(1) 解

$$\begin{pmatrix}4&2&-1&2\\3&-1&2&10\\11&3&0&14\end{pmatrix}\underset{r_3-\frac{11}{4}r_1}{\overset{r_2-\frac{3}{4}r_1}{\sim}}\begin{pmatrix}4&2&-1&2\\0&-\frac{5}{2}&\frac{11}{4}&\frac{17}{2}\\0&-\frac{5}{2}&\frac{11}{4}&\frac{17}{2}\end{pmatrix}\overset{r_3-r_2}{\sim}\begin{pmatrix}4&2&-1&2\\0&-\frac{5}{2}&\frac{11}{4}&\frac{17}{2}\\0&0&0&0\end{pmatrix}$$

$$\underset{r_1-2r_2}{\overset{r_2\times\left(-\frac{2}{5}\right)}{\sim}}\begin{pmatrix}4&0&\frac{6}{5}&\frac{44}{5}\\0&1&-\frac{11}{10}&-\frac{17}{5}\\0&0&0&0\end{pmatrix}\overset{r_1\times\frac{1}{4}}{\sim}\begin{pmatrix}1&0&\frac{3}{10}&\frac{11}{5}\\0&1&-\frac{11}{10}&-\frac{17}{5}\\0&0&0&0\end{pmatrix},$$

则 $\begin{cases}x_1=-0.3x_3+2.2,\\x_2=1.1x_3-3.4,\end{cases}$ 所以解为 $\begin{pmatrix}x_1\\x_2\\x_3\end{pmatrix}=\begin{pmatrix}-0.3\\1.1\\1\end{pmatrix}c+\begin{pmatrix}2.2\\-3.4\\0\end{pmatrix}$（$c$ 为任意实数）.

(2) **解** 系数矩阵增广矩阵 $\begin{pmatrix}2&-1&1&1&1\\1&2&-1&4&2\\1&7&-4&11&\lambda\end{pmatrix}\overset{r_1\leftrightarrow r_2}{\underset{\substack{r_3-r_1\\r_2-2r_1}}{\sim}}\begin{pmatrix}1&2&-1&4&2\\0&-5&3&-7&-3\\0&5&-3&7&\lambda-2\end{pmatrix}\overset{r_3+r_2}{\sim}$

$\begin{pmatrix}1&2&-1&4&2\\0&-5&3&-7&-3\\0&0&0&0&\lambda-5\end{pmatrix}$.

则当 $\lambda=5$ 时，$\mathrm{R}(\boldsymbol{A})=\mathrm{R}(\boldsymbol{A},\boldsymbol{b})$，方程有解. 又由

$$\begin{pmatrix}1&2&-1&4&2\\0&-5&3&-7&-3\\0&0&0&0&0\end{pmatrix}\overset{r_2\times\left(-\frac{1}{5}\right)}{\underset{r_1-2r_2}{\sim}}\begin{pmatrix}1&0&0.2&1.2&0.8\\0&1&-0.6&1.4&0.6\\0&0&0&0&0\end{pmatrix},$$

则 $\begin{cases}x_1=-0.2x_3-1.2x_4+0.8,\\x_2=0.6x_3-1.4x_4+0.6,\end{cases}$ 可得基础解系为 $\boldsymbol{\xi}_1=\begin{pmatrix}-0.2\\0.6\\1\\0\end{pmatrix}$，$\boldsymbol{\xi}_2=\begin{pmatrix}-1.2\\-1.4\\0\\1\end{pmatrix}$，特解为

$\begin{pmatrix}0.8\\0.6\\0\\0\end{pmatrix}$，于是通解为 $\begin{pmatrix}x_1\\x_2\\x_3\\x_4\end{pmatrix}=\begin{pmatrix}-0.2\\0.6\\1\\0\end{pmatrix}c_1+\begin{pmatrix}-1.2\\-1.4\\0\\1\end{pmatrix}c_2+\begin{pmatrix}0.8\\0.6\\0\\0\end{pmatrix}$（$c_1,c_2$ 是任意常数）.

*4.1.5 向量空间

1. **解** 要证 $\boldsymbol{\alpha}_1,\boldsymbol{\alpha}_2,\boldsymbol{\alpha}_3$ 是 $\mathbf{R}^3$ 的一组基，只要证 $\boldsymbol{\alpha}_1,\boldsymbol{\alpha}_2,\boldsymbol{\alpha}_3$ 线性无关，即只要证 $\boldsymbol{A}=(\boldsymbol{\alpha}_1,\boldsymbol{\alpha}_2,\boldsymbol{\alpha}_3)\sim\boldsymbol{E}$. 因为 $\begin{pmatrix}1&1&1\\1&1&0\\1&0&0\end{pmatrix}\overset{\substack{r_2-r_3\\r_1-r_3}}{\underset{r_1-r_2}{\sim}}\begin{pmatrix}0&0&1\\0&1&0\\1&0&0\end{pmatrix}\overset{r_1\leftrightarrow r_3}{\underset{r_2\leftrightarrow r_3}{\sim}}\begin{pmatrix}1&0&0\\0&1&0\\0&0&1\end{pmatrix}$，所以 $\boldsymbol{\alpha}_1,\boldsymbol{\alpha}_2,\boldsymbol{\alpha}_3$ 是 $\mathbf{R}^3$ 的一组基.

设 $\boldsymbol{\beta}=x_1\boldsymbol{\alpha}_1+x_2\boldsymbol{\alpha}_2+x_3\boldsymbol{\alpha}_3$，由 $\begin{pmatrix}1&1&1&2\\1&1&0&4\\1&0&0&-2\end{pmatrix}\overset{r_2-r_3}{\underset{\substack{r_1-r_3\\r_1-r_2}}{\sim}}\begin{pmatrix}0&0&1&-2\\0&1&0&6\\1&0&0&-2\end{pmatrix}$，故 $\boldsymbol{\beta}=\begin{pmatrix}2\\4\\-2\end{pmatrix}$ 在这组基下的坐标是 $(-2,6,-2)$.

2. **解** $(\boldsymbol{e}_1,\boldsymbol{e}_2)=(\boldsymbol{\varepsilon}_1,\boldsymbol{\varepsilon}_2)\boldsymbol{P}$，即 $\begin{pmatrix}1&-1\\1&1\end{pmatrix}=\begin{pmatrix}1&0\\0&1\end{pmatrix}\boldsymbol{P}$，所以 $\boldsymbol{P}=\begin{pmatrix}1&-1\\1&1\end{pmatrix}$ 为过渡矩阵.

由 $\boldsymbol{\alpha}=(\boldsymbol{\varepsilon}_1,\boldsymbol{\varepsilon}_2)\begin{pmatrix}2\\2\end{pmatrix}=(\boldsymbol{e}_1,\boldsymbol{e}_2)\begin{pmatrix}x_1\\x_2\end{pmatrix}$，故 $\begin{pmatrix}x_1\\x_2\end{pmatrix}=\boldsymbol{P}^{-1}\begin{pmatrix}2\\2\end{pmatrix}=\begin{pmatrix}2\\0\end{pmatrix}$ 为向量 $\boldsymbol{\alpha}$ 在基 $\boldsymbol{e}_1,\boldsymbol{e}_2$ 下的坐标.

4.2 综合训练

一、线性无关.

二、解 $\mathbf{A}=\begin{pmatrix} a & b & \cdots & b \\ b & a & \cdots & b \\ \vdots & \vdots & \ddots & \vdots \\ b & b & \cdots & a \end{pmatrix}$，$|\mathbf{A}|=(a+(n-1)b)\begin{vmatrix} 1 & 1 & \cdots & 1 \\ b & a & \cdots & b \\ \vdots & \vdots & \ddots & \vdots \\ b & b & \cdots & a \end{vmatrix}$

$$=(a+(n-1)b)\begin{vmatrix} 1 & 1 & \cdots & 1 \\ 0 & a-b & \cdots & 0 \\ \vdots & \vdots & \ddots & \vdots \\ 0 & 0 & \cdots & a-b \end{vmatrix}=(a+(n-1)b)(a-b)^{n-1}.$$

当$|\mathbf{A}|=0$时，有无穷多解，即$a=(1-n)b$，其中系数矩阵

$$\mathbf{A}\sim\begin{pmatrix} 0 & 0 & 0 & \cdots & 0 \\ b & a & b & \cdots & b \\ 0 & b-a & a-b & \cdots & 0 \\ \vdots & \vdots & \vdots & \ddots & \vdots \\ 0 & b-a & 0 & \cdots & a-b \end{pmatrix}\sim\begin{pmatrix} 0 & 0 & 0 & \cdots & 0 \\ b & a & b & \cdots & b \\ 0 & 1 & -1 & \cdots & 0 \\ \vdots & \vdots & \vdots & \ddots & \vdots \\ 0 & 1 & 0 & \cdots & -1 \end{pmatrix}.$$

等价方程组为$\begin{cases} bx_1+ax_2+bx_3+\cdots+bx_n=0, \\ x_2-x_3=0, \\ \quad\vdots \\ x_2-x_n=0, \end{cases}$ 通解为$\begin{cases} x_1=-\dfrac{a+(n-2)b}{b}x_2, \\ x_2=x_2, \\ \quad\vdots \\ x_n=x_2, \end{cases}$ 即

$\begin{pmatrix} x_1 \\ \vdots \\ x_n \end{pmatrix}=k\begin{pmatrix} -\dfrac{a+(n-2)b}{b} \\ 1 \\ \vdots \\ 1 \end{pmatrix}$，$k$为任意实数.

当$|\mathbf{A}|\neq 0$时，仅有零解，即$a\neq(1-n)b$.

三、解 由已知，$a\neq 1$且线性方程组$\begin{cases} x_1+x_2-x_3=0, \\ x_1+2x_2+ax_3=0, \\ x_1+4x_2+a^2x_3=0 \end{cases}$有非零解及

$\begin{cases} x_1+x_2-x_3=0, \\ x_1+2x_2+ax_3=0, \\ x_1+4x_2+a^2x_3=0, \\ x_1+2x_2+x_3=a-1 \end{cases}$ 有解. 则$\begin{vmatrix} 1 & 1 & -1 \\ 1 & 2 & a \\ 1 & 4 & a^2 \end{vmatrix}=a^2-3a-2=0$，故$a=\dfrac{3\pm\sqrt{17}}{2}$；

$$\begin{pmatrix}1&1&-1&0\\1&2&a&0\\1&4&a^2&0\\1&2&1&a-1\end{pmatrix}\sim\begin{pmatrix}1&1&-1&0\\0&1&a+1&0\\0&3&a^2+1&0\\0&1&2&a-1\end{pmatrix}\sim\begin{pmatrix}1&1&-1&0\\0&1&a+1&0\\0&0&a^2-3a-2&0\\0&0&-a+1&a-1\end{pmatrix}\sim$$

$$\begin{pmatrix}1&1&0&-1\\0&1&a+1&0\\0&0&a^2-3a-2&0\\0&0&1&-1\end{pmatrix},解得\begin{cases}x_1=-a-2=\dfrac{-7\pm\sqrt{17}}{2},\\x_2=a+1=\dfrac{5\pm\sqrt{17}}{2},\\x_3=-1.\end{cases}$$

四、**证明** (1) 假设存在两个不同的非线性方程组的解是线性相关的，设为 $\boldsymbol{x}_1,\boldsymbol{x}_2$，即 $\boldsymbol{x}_1\neq\boldsymbol{x}_2$ 均不为零且成比例，设 $\boldsymbol{x}_1=k\boldsymbol{x}_2$，$k$ 不为零. 于是 $\boldsymbol{b}=\boldsymbol{A}\boldsymbol{x}_1=\boldsymbol{A}(k\boldsymbol{x}_2)=k\boldsymbol{A}\boldsymbol{x}_2=k\boldsymbol{b}$，则 $k=1$，$\boldsymbol{x}_1=\boldsymbol{x}_2$，与前提矛盾，所以假设不成立，非齐次线性方程组的任两个不同的解是线性无关的.

(2) 若 $\boldsymbol{\eta}^*,\boldsymbol{\xi}_1,\cdots,\boldsymbol{\xi}_{n-r}$ 线性相关，$\boldsymbol{\xi}_1,\cdots,\boldsymbol{\xi}_{n-r}$ 是对应齐次线性方程组的基础解系，$\boldsymbol{\xi}_1,\cdots,\boldsymbol{\xi}_{n-r}$ 线性无关，得 $\boldsymbol{\eta}^*$ 必可由 $\boldsymbol{\xi}_1,\cdots,\boldsymbol{\xi}_{n-r}$ 线性表示，并且线性表示是唯一的. 即存在不全为零的数 $k_1,k_2,\cdots,k_{n-r}$，使得 $\boldsymbol{\eta}^*=k_1\boldsymbol{\xi}_1+k_2\boldsymbol{\xi}_2+\cdots+k_{n-r}\boldsymbol{\xi}_{n-r}$，这样，把 $\boldsymbol{\eta}^*=k_1\boldsymbol{\xi}_1+k_2\boldsymbol{\xi}_2+\cdots+k_{n-r}\boldsymbol{\xi}_{n-r}$ 代入方程组，得

$$\boldsymbol{A}\boldsymbol{\eta}^*=k_1\boldsymbol{A}\boldsymbol{\xi}_1+k_2\boldsymbol{A}\boldsymbol{\xi}_2+\cdots+k_{n-r}\boldsymbol{A}\boldsymbol{\xi}_{n-r}=\boldsymbol{0},$$

这与 $\boldsymbol{\eta}^*$ 为 $\boldsymbol{A}\boldsymbol{x}=\boldsymbol{b}$ 的解矛盾，所以假设不成立，则 $\boldsymbol{\eta}^*,\boldsymbol{\xi}_1,\cdots,\boldsymbol{\xi}_{n-r}$ 线性无关.

4.3 模拟考场

一、1. $a=2,b=4$. 2. $abc-b+1\neq0$. 3. -1. 4. $\boldsymbol{x}=k(1,1,\cdots,1)^{\mathrm{T}}$.
5. $k_1+k_2+\cdots+k_n=1$. 6. $n-1$. 7. 列. 8. 是.

二、1. B. 2. C. 3. D. 4. C.

三、**解** 增广矩阵

$$\begin{pmatrix}2&-1&3&2&6\\3&-3&3&2&5\\3&-1&-1&2&3\\3&-1&3&-1&4\end{pmatrix}\underset{\substack{r_3-r_1\\r_4-r_1}}{\overset{\substack{r_1\leftrightarrow r_2\\r_2-\frac{2}{3}r_1}}{\sim}}\begin{pmatrix}3&-3&3&2&5\\0&1&1&\frac{2}{3}&\frac{8}{3}\\0&2&-4&0&-2\\0&2&0&-3&-1\end{pmatrix}\underset{r_3-2r_1}{\overset{r_2-2r_1}{\sim}}$$

$$\begin{pmatrix}3&-3&3&2&5\\0&1&1&\frac{2}{3}&\frac{8}{3}\\0&0&-6&-\frac{4}{3}&-\frac{22}{3}\\0&0&-2&-\frac{13}{3}&-\frac{19}{3}\end{pmatrix}\overset{r_4-\frac{1}{3}r_3}{\sim}\begin{pmatrix}3&-3&3&2&5\\0&1&1&\frac{2}{3}&\frac{8}{3}\\0&0&-6&-\frac{4}{3}&-\frac{22}{3}\\0&0&0&-\frac{35}{9}&-\frac{35}{9}\end{pmatrix}\underset{r_3-\frac{12}{35}r_4}{\overset{\substack{r_1+\frac{18}{35}r_4\\r_2+\frac{6}{35}r_4}}{\sim}}$$

$$\begin{pmatrix}3&-3&3&0&3\\0&1&1&0&2\\0&0&-6&0&-6\\0&0&0&1&1\end{pmatrix}\underset{r_2-r_3}{\overset{r_1-r_3}{\sim}}\begin{pmatrix}3&-3&0&0&0\\0&1&0&0&1\\0&0&1&0&1\\0&0&0&1&1\end{pmatrix}\overset{r_1+3r_2}{\sim}$$

$$\begin{pmatrix}3&0&0&0&3\\0&1&0&0&1\\0&0&1&0&1\\0&0&0&1&1\end{pmatrix}\sim\begin{pmatrix}1&0&0&0&1\\0&1&0&0&1\\0&0&1&0&1\\0&0&0&1&1\end{pmatrix},$$

则$\begin{cases}x_1=1,\\x_2=1,\\x_3=1,\\x_4=1,\end{cases}$即解为$\begin{pmatrix}x_1\\x_2\\x_3\\x_4\end{pmatrix}=\begin{pmatrix}1\\1\\1\\1\end{pmatrix}$.

四、**解** 增广矩阵$\begin{pmatrix}a&b&2&1\\a&2b-1&3&1\\a&b&b+3&2b-1\end{pmatrix}\underset{r_3-r_1}{\overset{r_2-r_1}{\sim}}\begin{pmatrix}a&b&2&1\\0&b-1&1&0\\0&0&b+1&2b-2\end{pmatrix}$.

(1) $b=-1$ 时,$\begin{pmatrix}a&-1&2&1\\0&-2&1&0\\0&0&0&-4\end{pmatrix}$,$\mathrm{R}(\boldsymbol{A})\neq\mathrm{R}(\boldsymbol{A},\boldsymbol{b})$,所以线性方程组无解.

(2) $b=1$ 时,$\begin{pmatrix}a&1&2&1\\0&0&1&0\\0&0&2&0\end{pmatrix}\sim\begin{pmatrix}a&1&2&1\\0&0&1&0\\0&0&0&0\end{pmatrix}\sim\begin{pmatrix}a&1&0&1\\0&0&1&0\\0&0&0&0\end{pmatrix}$,则

$\begin{cases}x=-\dfrac{1}{a}y+\dfrac{1}{a},\\z=0,\end{cases}$方程的解为$\begin{pmatrix}x\\y\\z\end{pmatrix}=k\begin{pmatrix}-\dfrac{1}{a}\\1\\0\end{pmatrix}+\begin{pmatrix}\dfrac{1}{a}\\0\\0\end{pmatrix}$.

(3) $b\neq1$ 且 $b\neq-1$ 时,有唯一解.

五、**证明** 必要性. $\boldsymbol{A}$ 为 n 阶方阵,则 $\boldsymbol{Ax}=\boldsymbol{0}$ 有非零解,得基础解系为$\boldsymbol{\xi}_1,\boldsymbol{\xi}_2,\cdots,\boldsymbol{\xi}_r$,$r=n-\mathrm{R}(\boldsymbol{A})$,$\boldsymbol{B}=(\boldsymbol{\xi}_1,\boldsymbol{\xi}_2,\cdots,\boldsymbol{\xi}_r,\boldsymbol{b}_{r+1},\cdots,\boldsymbol{b}_n)$,其中 $\boldsymbol{b}_i(i=r+1,\cdots,n)$是零向量或取为$\boldsymbol{\xi}_1$,$\boldsymbol{\xi}_2,\cdots,\boldsymbol{\xi}_r$ 的线性组合,于是

$$\boldsymbol{AB}=\boldsymbol{A}(\boldsymbol{\xi}_1,\boldsymbol{\xi}_2,\cdots,\boldsymbol{\xi}_r,\boldsymbol{b}_{r+1},\cdots,\boldsymbol{b}_n)=(\boldsymbol{A}\boldsymbol{\xi}_1,\boldsymbol{A}\boldsymbol{\xi}_2,\cdots,\boldsymbol{A}\boldsymbol{\xi}_r,\boldsymbol{Ab}_{r+1},\cdots,\boldsymbol{Ab}_n)=\boldsymbol{0}.$$

充分性. 有非零 n 阶矩阵 $\boldsymbol{B}$ 使 $\boldsymbol{AB}=\boldsymbol{0}$,记 $\boldsymbol{B}=(\boldsymbol{b}_1,\boldsymbol{b}_2,\cdots,\boldsymbol{b}_r,\boldsymbol{b}_{r+1},\cdots,\boldsymbol{b}_n)$,则 $\boldsymbol{AB}=\boldsymbol{A}(\boldsymbol{b}_1,\boldsymbol{b}_2,\cdots,\boldsymbol{b}_r,\boldsymbol{b}_{r+1},\cdots,\boldsymbol{b}_n)=(\boldsymbol{Ab}_1,\boldsymbol{Ab}_2,\cdots,\boldsymbol{Ab}_r,\boldsymbol{Ab}_{r+1},\cdots,\boldsymbol{Ab}_n)=\boldsymbol{0}$,由于 $\boldsymbol{B}$ 不是零矩阵,所以存在非零列向量 $\boldsymbol{b}_i$ 使得 $\boldsymbol{Ab}_i=\boldsymbol{0}$,则 $\boldsymbol{Ax}=\boldsymbol{0}$ 有非零解.

六、**解** 由于 4 元非齐次线性方程组的系数矩阵秩为 3,所以齐次方程组的基础解系为一个元素:$\boldsymbol{\xi}=3\boldsymbol{\eta}_1-(2\boldsymbol{\eta}_2+\boldsymbol{\eta}_3)$. 因为 $\boldsymbol{A\xi}=\boldsymbol{A}(3\boldsymbol{\eta}_1-2\boldsymbol{\eta}_2-\boldsymbol{\eta}_3)=3\boldsymbol{A\eta}_1-2\boldsymbol{A\eta}_2-\boldsymbol{A\eta}_3=3\boldsymbol{b}-\boldsymbol{b}-2\boldsymbol{b}=\boldsymbol{0}$,而

$$\boldsymbol{\xi}=\begin{pmatrix}2\\3\\3\\3\end{pmatrix},\text{于是通解为 }\boldsymbol{x}=k\boldsymbol{\xi}+\boldsymbol{\eta}_1=k\begin{pmatrix}2\\3\\3\\3\end{pmatrix}+\begin{pmatrix}1\\1\\1\\1\end{pmatrix}.$$

七、解　由于线性方程组中前两个方程都是有效方程，且方程解不唯一，则系数矩阵的秩为 2，所以基础解系只有一个元素：$\boldsymbol{\alpha}-\boldsymbol{\beta}=\begin{pmatrix}3\\-1\\-2\end{pmatrix}$，特解为$\boldsymbol{\alpha}$ 或$\boldsymbol{\beta}$. 于是通解为

$$\boldsymbol{x}=k(\boldsymbol{\alpha}-\boldsymbol{\beta})+\boldsymbol{\alpha}=k\begin{pmatrix}3\\-1\\-2\end{pmatrix}+\begin{pmatrix}0\\1\\0\end{pmatrix}.$$

八、解　$\boldsymbol{B}=\boldsymbol{AP}$，这里 $\boldsymbol{P}=\boldsymbol{A}^{-1}\boldsymbol{B}=\begin{pmatrix}0&0&1\\0&1&-1\\1&-1&0\end{pmatrix}\begin{pmatrix}1&5&1\\1&2&3\\3&2&11\end{pmatrix}=\begin{pmatrix}3&2&11\\-2&0&-8\\0&3&-2\end{pmatrix}$为过渡矩阵.

设$\boldsymbol{\eta}$ 在两组基下的坐标都为 x_1,x_2,x_3，则$\boldsymbol{\eta}=(\boldsymbol{\alpha}_1,\boldsymbol{\alpha}_2,\boldsymbol{\alpha}_3)\begin{pmatrix}x_1\\x_2\\x_3\end{pmatrix}=(\boldsymbol{\beta}_1,\boldsymbol{\beta}_2,\boldsymbol{\beta}_3)\begin{pmatrix}x_1\\x_2\\x_3\end{pmatrix}=(\boldsymbol{\alpha}_1,\boldsymbol{\alpha}_2,\boldsymbol{\alpha}_3)\boldsymbol{P}\begin{pmatrix}x_1\\x_2\\x_3\end{pmatrix}$，即$(\boldsymbol{P}-\boldsymbol{E})\boldsymbol{x}=\boldsymbol{0}$. 而此线性方程组只有零解，所以$\boldsymbol{\eta}$ 为零向量.

第 5 章　相似矩阵及二次型

5.1　基础模块

5.1.1　向量的内积、长度及正交性

一、1. $-4,-\dfrac{4}{9}$.　2. $\sqrt{30}$.　3. ±1.　4. $\pm\dfrac{3}{13}$.　5. $\begin{cases}1, & i=j\\0, & i\neq j\end{cases}$.

二、解　方法一　设$\boldsymbol{\alpha}_{3,4}=(x_1,x_2,x_3,x_4)^{\mathrm{T}}$，由于$\boldsymbol{\alpha}_1,\boldsymbol{\alpha}_2,\boldsymbol{\alpha}_3,\boldsymbol{\alpha}_4$ 为正交向量组，故$[\boldsymbol{\alpha}_1,\boldsymbol{\alpha}_{3,4}]=0$，$[\boldsymbol{\alpha}_2,\boldsymbol{\alpha}_{3,4}]=0$，得线性方程组$\begin{cases}x_1+x_2+x_3+x_4=0,\\x_1+x_2-x_3-x_4=0.\end{cases}$ 因为系数矩阵的秩为 2，所以基础解系中向量个数为 2，取 x_2,x_4 为自由未知量，得基础解系，因为该基础解系中向量恰好正交，故恰为所求，具体为

$$\boldsymbol{\alpha}_3=(-1\quad 1\quad 0\quad 0)^{\mathrm{T}},\quad \boldsymbol{\alpha}_4=(0\quad 0\quad -1\quad 1)^{\mathrm{T}}.$$

方法二　设$\boldsymbol{\alpha}_3=(x_1,x_2,x_3,x_4)^{\mathrm{T}}$，由于$\boldsymbol{\alpha}_1,\boldsymbol{\alpha}_2,\boldsymbol{\alpha}_3$ 为正交向量组，故 $[\boldsymbol{\alpha}_1,\boldsymbol{\alpha}_3]=0$，$[\boldsymbol{\alpha}_2,\boldsymbol{\alpha}_3]=0$，得线性方程组$\begin{cases}x_1+x_2+x_3+x_4=0,\\x_1+x_2-x_3-x_4=0.\end{cases}$ 取方程组的一个解为 $\boldsymbol{\alpha}_3=(1,-1,1,-1)^{\mathrm{T}}$.

设$\boldsymbol{\alpha}_4=(y_1,y_2,y_3,y_4)^{\mathrm{T}}$,由于$\boldsymbol{\alpha}_1,\boldsymbol{\alpha}_2,\boldsymbol{\alpha}_3,\boldsymbol{\alpha}_4$为正交向量组,故$[\boldsymbol{\alpha}_1,\boldsymbol{\alpha}_4]=0$,$[\boldsymbol{\alpha}_2,\boldsymbol{\alpha}_4]=0$,$[\boldsymbol{\alpha}_3,\boldsymbol{\alpha}_4]=0$,得线性方程组$\begin{cases}y_1+y_2+y_3+y_4=0,\\y_1+y_2-y_3-y_4=0,\\y_1-y_2+y_3-y_4=0.\end{cases}$取方程组的一个解为$\boldsymbol{\alpha}_4=(1,-1,-1,1)^{\mathrm{T}}$.

三、**解** 方法一 (1) 因为$\boldsymbol{Q}^{\mathrm{T}}\boldsymbol{Q}=\begin{pmatrix}\frac{\sqrt{3}}{2}&\frac{1}{2}\\-\frac{1}{2}&\frac{\sqrt{3}}{2}\end{pmatrix}\begin{pmatrix}\frac{\sqrt{3}}{2}&-\frac{1}{2}\\\frac{1}{2}&\frac{\sqrt{3}}{2}\end{pmatrix}=\begin{pmatrix}1&0\\0&1\end{pmatrix}=\boldsymbol{E}$,所以$\boldsymbol{Q}$是正交矩阵.

(2) 因为$\boldsymbol{Q}^{\mathrm{T}}\boldsymbol{Q}=\begin{pmatrix}\frac{1}{9}&-\frac{8}{9}&-\frac{4}{9}\\-\frac{8}{9}&\frac{1}{9}&-\frac{4}{9}\\-\frac{4}{9}&-\frac{4}{9}&\frac{7}{9}\end{pmatrix}\begin{pmatrix}\frac{1}{9}&-\frac{8}{9}&-\frac{4}{9}\\-\frac{8}{9}&\frac{1}{9}&-\frac{4}{9}\\-\frac{4}{9}&-\frac{4}{9}&\frac{7}{9}\end{pmatrix}=\begin{pmatrix}1&0&0\\0&1&0\\0&0&1\end{pmatrix}=\boldsymbol{E}$,所以$\boldsymbol{Q}$是正交矩阵.

(3) 因为$\boldsymbol{Q}^{\mathrm{T}}\boldsymbol{Q}=\begin{pmatrix}1&-\frac{1}{2}&\frac{1}{3}\\-\frac{1}{2}&1&\frac{1}{2}\\\frac{1}{3}&\frac{1}{2}&-1\end{pmatrix}\begin{pmatrix}1&-\frac{1}{2}&\frac{1}{3}\\-\frac{1}{2}&1&\frac{1}{2}\\\frac{1}{3}&\frac{1}{2}&-1\end{pmatrix}=\begin{pmatrix}\frac{49}{36}&*&**&*&**&*&*\end{pmatrix}\neq\boldsymbol{E}$,所以$\boldsymbol{Q}$不是正交矩阵.

方法二 利用公式$\boldsymbol{\alpha}_i^{\mathrm{T}}\boldsymbol{\alpha}_j=\begin{cases}1,&i=j,\\0,&i\neq j\end{cases}$进行验证,其中$\boldsymbol{\alpha}_j$表示矩阵的第$j$列列向量.

方法三 由于$\boldsymbol{A}^{\mathrm{T}}\boldsymbol{A}=\boldsymbol{E}$与$\boldsymbol{A}\boldsymbol{A}^{\mathrm{T}}=\boldsymbol{E}$等价,故利用矩阵的行向量代替方法二中列向量进行验证也可以.

5.1.2 方阵的特征值与特征向量

一、1. -6; $1,-\frac{1}{2},\frac{1}{3}$; $1,4,16$.

2. 0或1.

解 设矩阵$\boldsymbol{A}$的特征值为λ,相应的特征向量为$\boldsymbol{\xi}$,则有$\boldsymbol{A\xi}=\lambda\boldsymbol{\xi}$,$\boldsymbol{A}^2\boldsymbol{\xi}=\lambda^2\boldsymbol{\xi}$. 因为$\boldsymbol{A}^2=\boldsymbol{A}$,故$(\lambda^2-\lambda)\boldsymbol{\xi}=\boldsymbol{0}$. 由于$\boldsymbol{\xi}\neq\boldsymbol{0}$,则有$\lambda=0$或1.

3. 1.

解 实对称矩阵必有正交矩阵$\boldsymbol{P}$,使得$\boldsymbol{P}^{-1}\boldsymbol{AP}=\boldsymbol{\Lambda}$,$\boldsymbol{\Lambda}$是以特征值为对角元的对角阵,$\boldsymbol{A}^2=\boldsymbol{P\Lambda}^2\boldsymbol{P}^{-1}$,$|\boldsymbol{A}^2|=|\boldsymbol{P}||\boldsymbol{\Lambda}^2||\boldsymbol{P}^{-1}|=1$.

4. -8.

解 因为矩阵特征值之积等于该矩阵所对应的行列式的值,有$|\boldsymbol{A}|=(-2)\times3\times\lambda=$

48,解出即可.

5. 4.

解 利用特征方程求得.

二、1. 错. 2. 错. 3. 错. 4. 错. 5. 错.

三、1. C.

解 方法一 由 $\det(\boldsymbol{A}-\lambda\boldsymbol{E})=(1-\lambda)(\lambda-2)(\lambda+1)$,得 $\lambda=-1,1,2$.

方法二 特征值之和等于矩阵主对角线元素之和,应为 2,A,C 入选,又特征值之积等于矩阵所对应的行列式的值,应为 -2,确定选 C.

2. C.

解 由于矩阵所对应的行列式的值等于特征值之积,得 $|\boldsymbol{A}|\neq 0$,故为满秩矩阵.

四、**解** 由 $|\boldsymbol{A}-\lambda\boldsymbol{E}|=\begin{vmatrix}1-\lambda & 2 & 3\\ 2 & 1-\lambda & 3\\ 3 & 3 & 6-\lambda\end{vmatrix}=-\lambda(\lambda+1)(\lambda-9)$,故 $\boldsymbol{A}$ 的特征值为 $\lambda_1=0,\lambda_2=-1,\lambda_3=9$.

当 $\lambda_1=0$ 时,$\boldsymbol{A}-0\boldsymbol{E}=\begin{pmatrix}1&2&3\\2&1&3\\3&3&6\end{pmatrix}\sim\begin{pmatrix}1&0&1\\0&1&1\\0&0&0\end{pmatrix}$,故特征向量可取 $\boldsymbol{\xi}_1=\begin{pmatrix}-1\\-1\\1\end{pmatrix}$;

当 $\lambda_2=-1$ 时,$\boldsymbol{A}+\boldsymbol{E}=\begin{pmatrix}2&2&3\\2&2&3\\3&3&7\end{pmatrix}\sim\begin{pmatrix}1&1&0\\0&0&1\\0&0&0\end{pmatrix}$,故特征向量可取 $\boldsymbol{\xi}_2=\begin{pmatrix}-1\\1\\0\end{pmatrix}$;

当 $\lambda_3=9$ 时,$\boldsymbol{A}-9\boldsymbol{E}=\begin{pmatrix}-8&2&3\\2&-8&3\\3&3&-3\end{pmatrix}\sim\begin{pmatrix}1&0&-\frac{1}{2}\\0&1&-\frac{1}{2}\\0&0&0\end{pmatrix}$,故特征向量可取 $\boldsymbol{\xi}_3=\begin{pmatrix}1\\1\\2\end{pmatrix}$.

五、**证明** 由于 $\boldsymbol{A}\boldsymbol{x}=\lambda\boldsymbol{x}\Rightarrow\boldsymbol{A}^{-1}(\boldsymbol{A}\boldsymbol{x})=\boldsymbol{A}^{-1}(\lambda\boldsymbol{x})\Rightarrow\boldsymbol{x}=\lambda\boldsymbol{A}^{-1}\boldsymbol{x}\Rightarrow\boldsymbol{A}^{-1}\boldsymbol{x}=\lambda^{-1}\boldsymbol{x}$(可逆矩阵的特征值不可能为零),则 λ^{-1} 是 $\boldsymbol{A}^{-1}$ 的特征值. 又

$$\boldsymbol{A}^{-1}=\frac{\boldsymbol{A}^*}{|\boldsymbol{A}|}\Rightarrow\frac{\boldsymbol{A}^*}{|\boldsymbol{A}|}\boldsymbol{x}=\lambda^{-1}\boldsymbol{x}\Rightarrow\boldsymbol{A}^*\boldsymbol{x}=\frac{|\boldsymbol{A}|}{\lambda}\boldsymbol{x},$$

故 $\frac{|\boldsymbol{A}|}{\lambda}$ 是 $\boldsymbol{A}^*$ 的特征值.

5.1.3 相似矩阵

一、**解** 对角线上的元素是矩阵 $\boldsymbol{A}$ 的特征值,矩阵 $\boldsymbol{P}$ 的列向量是 $\boldsymbol{\Lambda}$ 的对角线上相应的元素的特征向量.

二、1. $\begin{pmatrix}1&&&\\&\frac{1}{2}&&\\&&\ddots&\\&&&\frac{1}{n}\end{pmatrix}$. 2. 24.

三、1. B. 2. A,B,C,D.

四、解 由 $|\boldsymbol{A}-\lambda\boldsymbol{E}|=\begin{vmatrix}1-\lambda & 0 & 2\\ 0 & 1-\lambda & 4\\ \frac{13}{2} & -\frac{7}{2} & 3-\lambda\end{vmatrix}=(1-\lambda)(2-\lambda)^2$,得特征值为 $\lambda_1=1$, $\lambda_2=2$(二重),但 $\boldsymbol{A}-2\boldsymbol{E}=\begin{pmatrix}1-2 & 0 & 2\\ 0 & 1-2 & 4\\ \frac{13}{2} & -\frac{7}{2} & 3-2\end{pmatrix}\sim\begin{pmatrix}1 & 0 & -2\\ 0 & 1 & -4\\ 0 & 0 & 0\end{pmatrix}$,秩为 2,故 $\lambda=2$ 对应的线性无关的特征向量只有 1 个,故 $\boldsymbol{A}$ 不能相似于对角矩阵.

五、解 方法一 由 $|\boldsymbol{A}-\lambda\boldsymbol{E}|=\begin{vmatrix}x-\lambda & 0 & 2\\ 0 & -1-\lambda & 0\\ 0 & 4 & 2-\lambda\end{vmatrix}=(x-\lambda)(2-\lambda)(-1-\lambda)$ 得特征值为 $\lambda_1=2,\lambda_2=-1,\lambda_3=x$,$\boldsymbol{\Lambda}$ 的特征值为 $1,y,-1$,$\boldsymbol{A}$ 与 $\boldsymbol{\Lambda}$ 相似,故特征值相同,因此 $x=1,y=2$.

方法二 因为相似矩阵有相同的特征值,由特征值之积、之和与行列式的值、矩阵主对角线元素之和分别相等的关系,得到 $\begin{cases}x+1=y,\\ 2x=y,\end{cases}$ 解得 $x=1,y=2$.

5.1.4 对称矩阵的对角化

一、1. 正交. 2. $\boldsymbol{\Lambda}=\begin{pmatrix}1 & 0\\ 0 & 3\end{pmatrix}$ 或 $\boldsymbol{\Lambda}=\begin{pmatrix}3 & 0\\ 0 & 1\end{pmatrix}$.

二、解 由 $|\boldsymbol{A}-\lambda\boldsymbol{E}|=\begin{vmatrix}2-\lambda & -2 & 0\\ -2 & 1-\lambda & -2\\ 0 & -2 & -\lambda\end{vmatrix}=0$,解得 $\boldsymbol{A}$ 的特征值为 $\lambda_1=1,\lambda_2=4$, $\lambda_3=-2$.

当 $\lambda_1=1$ 时,由 $(\boldsymbol{A}-\boldsymbol{E})\boldsymbol{x}=\boldsymbol{0}$ 解得特征向量 $\boldsymbol{\xi}_1=\left(-1,-\frac{1}{2},1\right)^{\mathrm{T}}$,其单位向量为 $\boldsymbol{\xi}_1^0=\left(-\frac{2}{3},-\frac{1}{3},\frac{2}{3}\right)^{\mathrm{T}}$;

当 $\lambda_2=4$ 时,由 $(\boldsymbol{A}-4\boldsymbol{E})\boldsymbol{x}=\boldsymbol{0}$ 解得特征向量 $\boldsymbol{\xi}_2=(2,-2,1)^{\mathrm{T}}$,其单位向量为 $\boldsymbol{\xi}_2^0=\left(\frac{2}{3},-\frac{2}{3},\frac{1}{3}\right)^{\mathrm{T}}$;

当 $\lambda_3=-2$ 时,由 $(\boldsymbol{A}+2\boldsymbol{E})\boldsymbol{x}=\boldsymbol{0}$ 解得特征向量 $\boldsymbol{\xi}_3=\left(\frac{1}{2},1,1\right)^{\mathrm{T}}$,其单位向量为 $\boldsymbol{\xi}_3^0=\left(\frac{1}{3},\frac{2}{3},\frac{2}{3}\right)^{\mathrm{T}}$.

记 $P=(\boldsymbol{\xi}_1^0\quad \boldsymbol{\xi}_2^0\quad \boldsymbol{\xi}_3^0)=\begin{pmatrix} -\frac{2}{3} & \frac{2}{3} & \frac{1}{3} \\ -\frac{1}{3} & -\frac{2}{3} & \frac{2}{3} \\ \frac{2}{3} & \frac{1}{3} & \frac{2}{3} \end{pmatrix}$,则 $P^{-1}AP=\begin{pmatrix} 1 & & \\ & 4 & \\ & & -2 \end{pmatrix}$.

三、解　由 $|A-\lambda E|=\begin{vmatrix} 2-\lambda & 2 & -2 \\ 2 & 5-\lambda & -4 \\ -2 & -4 & 5-\lambda \end{vmatrix}=0$,解得 A 的特征值为 $\lambda_1=10,\lambda_2=1$(二重).

当 $\lambda_1=10$ 时,由 $(A-10E)x=0$ 解得特征向量 $\boldsymbol{\xi}_1=\left(-\frac{1}{2},-1,1\right)^{\mathrm{T}}$.

当 $\lambda_2=1$ 时,由 $(A-E)x=0$ 解得特征向量 $\boldsymbol{\xi}_2=(0,1,1)^{\mathrm{T}},\boldsymbol{\xi}_3=(2,0,1)^{\mathrm{T}}$.

将 $\boldsymbol{\xi}_2,\boldsymbol{\xi}_3$ 正交化,令 $\boldsymbol{\eta}_2=\boldsymbol{\xi}_2$, $\boldsymbol{\eta}_3=\boldsymbol{\xi}_3-\frac{[\boldsymbol{\eta}_2,\boldsymbol{\xi}_3]}{\|\boldsymbol{\eta}_2\|^2}\boldsymbol{\eta}_2=\left(2,-\frac{1}{2},\frac{1}{2}\right)^{\mathrm{T}}$,则 $P_1=(\boldsymbol{\xi}_1,\boldsymbol{\eta}_2,\boldsymbol{\eta}_3)=\begin{pmatrix} -\frac{1}{2} & 0 & 2 \\ -1 & 1 & -\frac{1}{2} \\ 1 & 1 & \frac{1}{2} \end{pmatrix}$,将 P_1 的列向量分别单位化后按原来顺序组合成新矩阵为

$$P=\begin{pmatrix} -\frac{1}{3} & 0 & \frac{2\sqrt{2}}{3} \\ -\frac{2}{3} & \frac{\sqrt{2}}{2} & -\frac{\sqrt{2}}{6} \\ \frac{2}{3} & \frac{\sqrt{2}}{2} & \frac{\sqrt{2}}{6} \end{pmatrix},\text{则 } P^{-1}AP=\begin{pmatrix} 10 & & \\ & 1 & \\ & & 1 \end{pmatrix}.$$

四、解　设 $p_3=(x_1,x_2,x_3)^{\mathrm{T}}$,由于对称矩阵对应不同特征值的特征向量正交,故 p_1,p_2,p_3 相互正交.则有 $[p_1,p_3]=0,[p_2,p_3]=0$,建立线性方程组有 $\begin{cases} x_1+x_2-x_3=0, \\ x_1+x_3=0, \end{cases}$ 解得 $p_3=(-1\quad 2\quad 1)^{\mathrm{T}}$.

5.1.5　二次型及其标准形

一、1. $(x_1\quad x_2\quad x_3)\begin{pmatrix} 1 & 2 & 1 \\ 2 & 4 & 2 \\ 1 & 2 & 1 \end{pmatrix}\begin{pmatrix} x_1 \\ x_2 \\ x_3 \end{pmatrix}$,　1.

解　$\begin{pmatrix} 1 & 2 & 1 \\ 2 & 4 & 2 \\ 1 & 2 & 1 \end{pmatrix}\sim\begin{pmatrix} 1 & 2 & 1 \\ 0 & 0 & 0 \\ 0 & 0 & 0 \end{pmatrix}$.

2. 2.

解 将二次型各项打开整理,得对应矩阵为$\begin{pmatrix}2&1&1\\1&2&-1\\1&-1&2\end{pmatrix}\sim\begin{pmatrix}1&2&-1\\0&1&-1\\0&0&0\end{pmatrix}$.

*3. $f=z_1^2+z_2^2-z_3^2$.

二、1. **解** 此矩阵的二次型为 $Q(\boldsymbol{x})=x_1^2+x_3^2+4x_1x_2-2x_1x_3$.

2. **解** $\boldsymbol{A}=\begin{pmatrix}4&-1&0\\-1&2&2\\0&2&6\end{pmatrix}$. 当 $\boldsymbol{x}=\begin{pmatrix}1\\0\\-1\end{pmatrix}$时,$Q(\boldsymbol{x})=(1,0,-1)\begin{pmatrix}4&-1&0\\-1&2&2\\0&2&6\end{pmatrix}\begin{pmatrix}1\\0\\-1\end{pmatrix}=10$.

三、**解** $\boldsymbol{A}=\begin{pmatrix}2&2&-2\\2&5&-4\\-2&-4&5\end{pmatrix}$,由$|\boldsymbol{A}-\lambda\boldsymbol{E}|=\begin{vmatrix}2-\lambda&-2&-2\\2&5-\lambda&-4\\-2&-4&5-\lambda\end{vmatrix}=0$ 解得 $\boldsymbol{A}$ 的特征值为 $\lambda_1=10,\lambda_2=1$(二重).

当 $\lambda_1=10$ 时,由$(\boldsymbol{A}-10\boldsymbol{E})\boldsymbol{x}=\boldsymbol{0}$ 解得特征向量$\boldsymbol{\xi}_1=\begin{pmatrix}-\frac{1}{2}&-1&1\end{pmatrix}^{\mathrm{T}}$;

当 $\lambda_2=1$ 时,由$(\boldsymbol{A}-\boldsymbol{E})\boldsymbol{x}=\boldsymbol{0}$ 解得特征向量$\boldsymbol{\xi}_2=(0\quad 1\quad 1)^{\mathrm{T}}$,$\boldsymbol{\xi}_3=(2\quad 0\quad 1)^{\mathrm{T}}$.

将$\boldsymbol{\xi}_2,\boldsymbol{\xi}_3$ 正交化,令$\boldsymbol{\eta}_2=\boldsymbol{\xi}_2$,$\boldsymbol{\eta}_3=\boldsymbol{\xi}_3-\frac{[\boldsymbol{\eta}_2,\boldsymbol{\xi}_3]}{\|\boldsymbol{\eta}_2\|^2}=\begin{pmatrix}2&-\frac{1}{2}&\frac{1}{2}\end{pmatrix}^{\mathrm{T}}$,则

$\boldsymbol{P}_1=(\boldsymbol{\xi}_1\quad\boldsymbol{\eta}_2\quad\boldsymbol{\eta}_3)=\begin{vmatrix}-\frac{1}{2}&0&2\\-1&1&-\frac{1}{2}\\1&1&\frac{1}{2}\end{vmatrix}$,将 $\boldsymbol{P}_1$ 的列向量分别单位化后按原来顺序组合成新矩阵为 $\boldsymbol{P}=\begin{vmatrix}-\frac{1}{3}&0&\frac{2\sqrt{2}}{3}\\-\frac{2}{3}&\frac{\sqrt{2}}{2}&-\frac{\sqrt{2}}{6}\\\frac{2}{3}&\frac{\sqrt{2}}{2}&\frac{\sqrt{2}}{6}\end{vmatrix}$,则 $\boldsymbol{P}^{-1}\boldsymbol{A}\boldsymbol{P}=\begin{pmatrix}10&&\\&1&\\&&1\end{pmatrix}$,正交变换为 $\boldsymbol{x}=\boldsymbol{P}\boldsymbol{y}$,其中 $\boldsymbol{x}=(x_1,x_2,x_3)^{\mathrm{T}}$,$\boldsymbol{y}=(y_1,y_2,y_3)^{\mathrm{T}}$,则可将二次型化为标准形

$$f=\boldsymbol{x}^{\mathrm{T}}\boldsymbol{A}\boldsymbol{x}=\boldsymbol{y}^{-1}\boldsymbol{P}^{-1}\boldsymbol{A}\boldsymbol{P}\boldsymbol{y}=10y_1^2+y_2^2+y_3^2.$$

5.1.6 用配方法化二次型成标准形

(1) **解** $f(x_1,x_2,x_3)=(x_1^2+x_1x_2+x_1x_3)+x_2^2-x_2x_3+2x_3^2$

$$=\left(x_1^2+x_1x_2+x_1x_3+\frac{1}{2}x_2x_3+\frac{1}{4}x_2^2+\frac{1}{4}x_3^2\right)+\frac{3}{4}x_2^2-\frac{3}{2}x_2x_3+\frac{7}{4}x_3^2$$

$$=\left(x_1+\frac{1}{2}x_2+\frac{1}{2}x_3\right)^2+\frac{3}{4}x_2^2-\frac{3}{2}x_2x_3+\frac{7}{4}x_3^2$$

$$=\left(x_1+\frac{1}{2}x_2+\frac{1}{2}x_3\right)^2+\frac{3}{4}(x_2^2-2x_2x_3+x_3^2)+x_3^2$$

$$=\left(x_1+\frac{1}{2}x_2+\frac{1}{2}x_3\right)^2+\frac{3}{4}(x_2-x_3)^2+x_3^2.$$

令 $\begin{cases} y_1=x_1+\frac{1}{2}x_2+\frac{1}{2}x_3, \\ y_2=x_2-x_3, \\ y_3=x_3, \end{cases}$ 即 $\begin{cases} x_1=y_1-\frac{1}{2}y_2-y_3, \\ x_2=y_2+y_3, \\ x_3=y_3, \end{cases}$ 则有标准形 $f(y_1,y_2,y_3)=y_1^2+\frac{3}{4}y_2^2+y_3^2$.

(2) **解** 令 $\begin{pmatrix} x_1 \\ x_2 \\ x_3 \end{pmatrix}=\begin{pmatrix} 1 & 1 & 0 \\ 1 & -1 & 0 \\ 0 & 0 & 1 \end{pmatrix}\begin{pmatrix} y_1 \\ y_2 \\ y_3 \end{pmatrix}$,则有标准形 $f(y_1,y_2,y_3)=y_1^2-y_2^2+2y_2y_3=y_1^2-(y_2-y_3)^2+y_3^2$. 再令 $\begin{pmatrix} z_1 \\ z_2 \\ z_3 \end{pmatrix}=\begin{pmatrix} 1 & 0 & 0 \\ 0 & 1 & -1 \\ 0 & 0 & 1 \end{pmatrix}\begin{pmatrix} y_1 \\ y_2 \\ y_3 \end{pmatrix}$,则有标准形 $f(z_1,z_2,z_3)=z_1^2-z_2^2+z_3^2$.

(3) **解** $f(x_1,x_2,x_3)=(x_2^2+2x_1x_2-2x_2x_3)+5x_3^2+2x_1x_3$

$$=(x_2^2+2x_1x_2-2x_2x_3+x_1^2+x_3^2-2x_1x_3)-x_1^2+4x_3^2+4x_1x_3$$

$$=(x_1+x_2-x_3)^2-x_1^2+4x_3^2+4x_1x_3$$

$$=(x_1+x_2-x_3)^2-(x_1-2x_3)^2+8x_3^2.$$

令 $\begin{cases} y_1=x_1+x_2-x_3, \\ y_2=x_1-2x_3, \\ y_3=x_3, \end{cases}$ 即 $\begin{cases} x_1=y_2+2y_3, \\ x_2=y_1-y_2-y_3, \\ x_3=y_3, \end{cases}$ 则有标准形 $f(y_1,y_2,y_3)=y_1^2-y_2^2+8y_3^2$.

5.1.7 正定二次型

一、1. 4,2,2,0. 2. 1. 3. $-\sqrt{2}<t<\sqrt{2}$.

解 二次型矩阵为实对称 $\boldsymbol{A}=\begin{pmatrix} 1 & t & 1 \\ t & 4 & 0 \\ 1 & 0 & 2 \end{pmatrix}$,各阶顺序主子式为 $|1|=1>0$, $\begin{vmatrix} 1 & t \\ t & 4 \end{vmatrix}=4-t^2>0$, $|\boldsymbol{A}|=4-2t^2>0$,解得 $-\sqrt{2}<t<\sqrt{2}$.

二、1. (1) **解** 二次型矩阵为实对称 $\boldsymbol{A}=\begin{pmatrix} 1 & \frac{1}{2} & -\frac{3}{2} \\ \frac{1}{2} & 2 & \frac{1}{2} \\ -\frac{3}{2} & \frac{1}{2} & 4 \end{pmatrix}$,各阶顺序主子式为 $|1|=$

$1>0$，$\begin{vmatrix} 1 & \frac{1}{2} \\ \frac{1}{2} & 4 \end{vmatrix} = 4-\frac{1}{4}>0$，$|\boldsymbol{A}|=\frac{3}{2}>0$，各阶顺序主子式均大于零，所以是正定的.

（2）**解** 二次型矩阵为 $\boldsymbol{A}=\begin{pmatrix} 0 & \frac{1}{2} & -\frac{1}{2} \\ \frac{1}{2} & 0 & \frac{1}{2} \\ -\frac{1}{2} & \frac{1}{2} & 0 \end{pmatrix}$，各阶顺序主子式为 $|0|=0$，$\begin{vmatrix} 0 & \frac{1}{2} \\ \frac{1}{2} & 0 \end{vmatrix} = -\frac{1}{4}<0$，$|\boldsymbol{A}|=-\frac{1}{4}<0$，各阶顺序主子式均小于或等于零，所以是非正定的.

三、**证明** 充分性. 设 $\boldsymbol{x}$ 为任意非零向量，由 $\boldsymbol{A}=\boldsymbol{U}^{\mathrm{T}}\boldsymbol{U}$ 有

$$f=\boldsymbol{x}^{\mathrm{T}}\boldsymbol{A}\boldsymbol{x}=\boldsymbol{x}^{\mathrm{T}}\boldsymbol{U}^{\mathrm{T}}\boldsymbol{U}\boldsymbol{x}=(\boldsymbol{U}\boldsymbol{x})^{\mathrm{T}}(\boldsymbol{U}\boldsymbol{x}).$$

由于 $\boldsymbol{U}$ 为可逆矩阵，则有 $\boldsymbol{U}\boldsymbol{x}\neq\boldsymbol{0}$，令 $\boldsymbol{Y}=(\boldsymbol{U}\boldsymbol{x})^{\mathrm{T}}=(y_1,y_2,\cdots,y_n)^{\mathrm{T}}$，则 $f=(\boldsymbol{U}\boldsymbol{x})^{\mathrm{T}}(\boldsymbol{U}\boldsymbol{x})=y_1^2+y_2^2+\cdots+y_n^2>0$. 故 $f=\boldsymbol{x}^{\mathrm{T}}\boldsymbol{A}\boldsymbol{x}$ 为正定二次型，于是 $\boldsymbol{A}$ 正定.

必要性. 由于实对称矩阵 $\boldsymbol{A}$ 正定，则存在正交矩阵 $\boldsymbol{P}$，使得 $\boldsymbol{P}^{\mathrm{T}}\boldsymbol{A}\boldsymbol{P}=\boldsymbol{\Lambda}=\begin{pmatrix} \lambda_1 & & & \\ & \lambda_2 & & \\ & & \ddots & \\ & & & \lambda_n \end{pmatrix}$，其中 $\lambda_i(>0)$ 为 $\boldsymbol{A}$ 的特征值，由于 $\boldsymbol{P}^{\mathrm{T}}=\boldsymbol{P}^{-1}$，所以

$$\boldsymbol{A}=(\boldsymbol{P}^{\mathrm{T}})^{-1}\boldsymbol{\Lambda}\boldsymbol{P}^{-1}=\boldsymbol{P}\boldsymbol{\Lambda}\boldsymbol{P}^{-1}=\boldsymbol{P}\begin{pmatrix} \sqrt{\lambda_1} & & & \\ & \sqrt{\lambda_2} & & \\ & & \ddots & \\ & & & \sqrt{\lambda_n} \end{pmatrix}\begin{pmatrix} \sqrt{\lambda_1} & & & \\ & \sqrt{\lambda_2} & & \\ & & \ddots & \\ & & & \sqrt{\lambda_n} \end{pmatrix}\boldsymbol{P}^{-1},$$

$$\boldsymbol{A}=\boldsymbol{P}\begin{pmatrix} \sqrt{\lambda_1} & & & \\ & \sqrt{\lambda_2} & & \\ & & \ddots & \\ & & & \sqrt{\lambda_n} \end{pmatrix}\begin{pmatrix} \sqrt{\lambda_1} & & & \\ & \sqrt{\lambda_2} & & \\ & & \ddots & \\ & & & \sqrt{\lambda_n} \end{pmatrix}\boldsymbol{P}^{\mathrm{T}}=\boldsymbol{U}^{\mathrm{T}}\boldsymbol{U},$$

其中 $\boldsymbol{U}=\begin{pmatrix} \sqrt{\lambda_1} & & & \\ & \sqrt{\lambda_2} & & \\ & & \ddots & \\ & & & \sqrt{\lambda_n} \end{pmatrix}\boldsymbol{P}^{\mathrm{T}}$.

5.2 综合训练

一、1. $a_0=(-1)^n$，$a_n=|\boldsymbol{A}|$.

解 当 $\lambda=0$ 时，有 $f(\lambda)=|\boldsymbol{A}-\lambda\boldsymbol{E}|=|\boldsymbol{A}|$.

2. 2.

解 由已知,有矩阵 $\boldsymbol{A}=\begin{pmatrix}a&2&2\\2&a&2\\2&2&a\end{pmatrix}$ 与矩阵 $\boldsymbol{B}=\begin{pmatrix}6&&\\&0&\\&&0\end{pmatrix}$ 相似,故对应的特征值相等,而特征值之和等于主对角线之和,故 $3a=6,a=2$.

3. $n,\overbrace{0,\cdots,0}^{n-1}$.

解

$$|\lambda\boldsymbol{E}-\boldsymbol{A}|=\begin{vmatrix}\lambda-1&-1&\cdots&-1\\-1&\lambda-1&\cdots&-1\\\vdots&\vdots&&\vdots\\-1&-1&\cdots&\lambda-1\end{vmatrix}=\begin{vmatrix}\lambda-n&-1&\cdots&-1\\\lambda-n&\lambda-1&\cdots&-1\\\vdots&\vdots&&\vdots\\\lambda-n&-1&\cdots&\lambda-1\end{vmatrix}$$

$$=(\lambda-n)\begin{vmatrix}1&-1&\cdots&-1\\0&\lambda&\cdots&0\\\vdots&\vdots&&\vdots\\0&0&\cdots&\lambda\end{vmatrix}.$$

*4. $\left(\dfrac{|\boldsymbol{A}|}{\lambda}\right)^2+1$.

解 设 $\boldsymbol{Ax}=\lambda\boldsymbol{x}(\boldsymbol{x}\neq\boldsymbol{0})$,则 $\boldsymbol{A}^{-1}\boldsymbol{x}=\dfrac{1}{\lambda}\boldsymbol{x}\Rightarrow|\boldsymbol{A}|\boldsymbol{A}^{-1}\boldsymbol{x}=\dfrac{|\boldsymbol{A}|}{\lambda}\boldsymbol{x}(\boldsymbol{x}\neq\boldsymbol{0})$,即 $\boldsymbol{A}^*\boldsymbol{x}=\dfrac{|\boldsymbol{A}|}{\lambda}\boldsymbol{x}$,从而 $(\boldsymbol{A}^*)^2\boldsymbol{x}=\left(\dfrac{|\boldsymbol{A}|}{\lambda}\right)^2\boldsymbol{x}$,$[(\boldsymbol{A}^*)^2+\boldsymbol{E}]\boldsymbol{x}=\left[\left(\dfrac{|\boldsymbol{A}|}{\lambda}\right)^2+1\right]\boldsymbol{x}(\boldsymbol{x}\neq\boldsymbol{0})$,可见 $(\boldsymbol{A}^*)^2+\boldsymbol{E}$ 必有特征值 $\left(\dfrac{|\boldsymbol{A}|}{\lambda}\right)^2+1$.

5. A,C,D

二、1. 对. 2. 对. 3. 对. *4. 对. 5. 错.

三、1. C. 2. B. 3. D. 4. A. 5. C. 6. B. 7. B.

6. **解** 方法一 $\boldsymbol{A}(\boldsymbol{\alpha}_1+\boldsymbol{\alpha}_2)=\lambda_1\boldsymbol{\alpha}_1+\lambda_2\boldsymbol{\alpha}_2$,若 $\lambda_2=0$,则 $\boldsymbol{A}(\boldsymbol{\alpha}_1+\boldsymbol{\alpha}_2)=\lambda_1\boldsymbol{\alpha}_1$ 与 $\boldsymbol{\alpha}_1$ 就线性相关了,矛盾. 故 $\lambda_2\neq0$,选 B.

方法二 由 $[\boldsymbol{\alpha}_1,\boldsymbol{A}(\boldsymbol{\alpha}_1+\boldsymbol{\alpha}_2)]=[\boldsymbol{\alpha}_1,\lambda_1\boldsymbol{\alpha}_1+\lambda_2\boldsymbol{\alpha}_2]=[\boldsymbol{\alpha}_1,\boldsymbol{\alpha}_2]\begin{pmatrix}1&\lambda_1\\0&\lambda_2\end{pmatrix}$,$\begin{vmatrix}1&\lambda_1\\0&\lambda_2\end{vmatrix}=\lambda_2\neq0$,可见,$\boldsymbol{\alpha}_1,\boldsymbol{A}(\boldsymbol{\alpha}_1+\boldsymbol{\alpha}_2)$ 线性无关的充分必要条件是,故 $\lambda_2\neq0$,选 B.

四、**证明** 因为 $\boldsymbol{H}^{\mathrm{T}}=(\boldsymbol{E}-2\boldsymbol{xx}^{\mathrm{T}})^{\mathrm{T}}=\boldsymbol{E}-2\boldsymbol{xx}^{\mathrm{T}}=\boldsymbol{H}$,所以 $\boldsymbol{H}$ 为对称矩阵. 又因为

$$\boldsymbol{H}^{\mathrm{T}}\boldsymbol{H}=\boldsymbol{H}^2=(\boldsymbol{E}-2\boldsymbol{xx}^{\mathrm{T}})(\boldsymbol{E}-2\boldsymbol{xx}^{\mathrm{T}})=\boldsymbol{E}-4\boldsymbol{xx}^{\mathrm{T}}+4(\boldsymbol{xx}^{\mathrm{T}})(\boldsymbol{xx}^{\mathrm{T}})$$
$$=\boldsymbol{E}-4\boldsymbol{xx}^{\mathrm{T}}+4\boldsymbol{x}(\boldsymbol{x}^{\mathrm{T}}\boldsymbol{x})\boldsymbol{x}^{\mathrm{T}}=\boldsymbol{E},$$

所以 $\boldsymbol{H}$ 为正交矩阵.

五、**证明** 由于 $\boldsymbol{A},\boldsymbol{B}$ 相似,则必存在可逆方阵 $\boldsymbol{P}$,使得 $\boldsymbol{B}=\boldsymbol{P}^{-1}\boldsymbol{AP}$,故 $\boldsymbol{B}^k=\boldsymbol{P}^{-1}\boldsymbol{A}^k\boldsymbol{P}$,

$$f(\boldsymbol{B})=a_0\boldsymbol{E}+a_1\boldsymbol{B}+a_2\boldsymbol{B}^2+\cdots+a_n\boldsymbol{B}^m$$
$$=a_0\boldsymbol{E}+a_1(\boldsymbol{P}^{-1}\boldsymbol{AP})+a_2(\boldsymbol{P}^{-1}\boldsymbol{A}^2\boldsymbol{P})+\cdots+a_n(\boldsymbol{P}^{-1}\boldsymbol{A}^m\boldsymbol{P})$$

$$=P^{-1}(a_0E+a_1A+a_2A^2+\cdots+a_nA^m)P=P^{-1}f(A)P,$$

则 $f(A)$ 与 $f(B)$ 相似.

六、解　令 $P=\begin{pmatrix}1&1&1\\0&1&1\\0&0&1\end{pmatrix}$，则 $|P|\neq 0$，求出 $P^{-1}=\begin{pmatrix}1&-1&0\\0&1&-1\\0&0&1\end{pmatrix}$，记 $\Lambda=\begin{pmatrix}1&&\\&5&\\&&-5\end{pmatrix}$，则有 $A=P\Lambda P^{-1}\Rightarrow A^{100}=P\Lambda^{100}P^{-1}$，故

$$A^{100}=P\Lambda^{100}P^{-1}=\begin{pmatrix}1&1&1\\0&1&1\\0&0&1\end{pmatrix}\begin{pmatrix}1&0&0\\0&5^{100}&0\\0&0&(-5)^{100}\end{pmatrix}\begin{pmatrix}1&-1&0\\0&1&-1\\0&0&1\end{pmatrix}=\begin{pmatrix}1&5^{100}-1&0\\0&5^{100}&0\\0&0&5^{100}\end{pmatrix}.$$

七、解　$A^*=\begin{pmatrix}5&-2&-2\\-2&5&-2\\-2&-2&5\end{pmatrix}$，$P^{-1}=\begin{pmatrix}0&1&-1\\1&0&0\\0&0&1\end{pmatrix}$，$B=P^{-1}A^*P=\begin{pmatrix}7&0&0\\-2&5&-4\\-2&-2&3\end{pmatrix}$，所以 $B+2E=\begin{pmatrix}9&0&0\\-2&7&-4\\-2&-2&5\end{pmatrix}$，$|(B+2E)-\lambda E|=$

$$\begin{vmatrix}9-\lambda&0&0\\-2&7-\lambda&-4\\-2&-2&5-\lambda\end{vmatrix}=(3-\lambda)(9-\lambda)^2.$$

故特征值为 $\lambda_1=3,\lambda_2=\lambda_3=9$.

当 $\lambda_1=3$ 时，解 $((B+2E)-3E)x=0$ 得基础解系 $\xi_1=\begin{pmatrix}0\\1\\1\end{pmatrix}$，所以特征向量为 $k_1\begin{pmatrix}0\\1\\1\end{pmatrix}$；

当 $\lambda_2=\lambda_3=9$ 时，解 $((B+2E)-9E)x=0$ 得基础解系 $\xi_2=\begin{pmatrix}-1\\1\\0\end{pmatrix}$，$\xi_3=\begin{pmatrix}-2\\0\\1\end{pmatrix}$，所以特征向量为 $k_2\begin{pmatrix}-1\\1\\0\end{pmatrix}+k_3\begin{pmatrix}-2\\0\\1\end{pmatrix}$.

八、解　(1) 若线性相关，则存在不全为零的 k_1,k_2 使得 $\alpha_3=k_1\alpha_1+k_2\alpha_2$，于是

$$A\alpha_3=k_1A\alpha_1+k_2A\alpha_2=-k_1\alpha_1+k_2\alpha_2,$$

又 $A\alpha_3=\alpha_2+\alpha_3=\alpha_2+k_1\alpha_1+k_2\alpha_2\Rightarrow 2k_1\alpha_1+\alpha_2=0$ 矛盾，所以线性无关.

(2) 记 $P^{-1}AP=B\Rightarrow AP=PB$，则

$$A(\alpha_1,\alpha_2,\alpha_3)=(-\alpha_1,\alpha_2,\alpha_2+\alpha_3)=(\alpha_1,\alpha_2,\alpha_3)\begin{pmatrix}-1&0&0\\0&1&1\\0&0&1\end{pmatrix},$$

所以 $\boldsymbol{P}^{-1}\boldsymbol{AP}=\begin{pmatrix}-1&0&0\\0&1&1\\0&0&1\end{pmatrix}$.

九、解　(1) 因为$\boldsymbol{\alpha}_1=(1,-1,1)^{\mathrm{T}}$ 是 $\boldsymbol{A}$ 的属于λ_1 的一个特征向量,可以验证 $\boldsymbol{A}^n\boldsymbol{\alpha}_1=\lambda_1^n\boldsymbol{\alpha}_1(n=1,2,\cdots)$,于是

$$\boldsymbol{B\alpha}_1=(\boldsymbol{A}^5-4\boldsymbol{A}^3+\boldsymbol{E})\boldsymbol{\alpha}_1=(\lambda_1^5-4\lambda_1^3+1)\boldsymbol{\alpha}_1=-2\boldsymbol{\alpha}_1,$$

因此,$\boldsymbol{\alpha}_1$ 是矩阵 $\boldsymbol{B}$ 的特征向量.矩阵 $\boldsymbol{B}$ 的特征值可以由 $\boldsymbol{A}$ 的特征值以及 $\boldsymbol{B}$ 与 $\boldsymbol{A}$ 的关系得到,即 $\lambda(\boldsymbol{B})=\lambda(\boldsymbol{A})^5-4\lambda(\boldsymbol{A})^3+1$,所以 $\boldsymbol{B}$ 的全部特征值为$-2,1,1$,由前面证明可知$\boldsymbol{\alpha}_1$ 为 $\boldsymbol{B}$ 的属于-2 的特征值,而 $\boldsymbol{A}$ 为实对称矩阵,于是根据矩阵 $\boldsymbol{B}$ 与矩阵 $\boldsymbol{A}$ 的关系可知 $\boldsymbol{B}$ 也为实对称矩阵,于是属于不同的特征值的特征向量正交,不妨设 $\boldsymbol{B}$ 的属于特征值 1 的特征向量为$(x_1,x_2,x_3)^{\mathrm{T}}$,所以有如下方程成立:

$$x_1-x_2+x_3=0,$$

于是求得 $\boldsymbol{B}$ 的属于特征值 1 的特征向量为$\boldsymbol{\alpha}_2=(-1,0,1)^{\mathrm{T}}$,$\boldsymbol{\alpha}_3=(1,1,0)^{\mathrm{T}}$.

(2) 令矩阵 $\boldsymbol{P}=(\boldsymbol{\alpha}_1,\boldsymbol{\alpha}_2,\boldsymbol{\alpha}_3)=\begin{pmatrix}1&-1&1\\-1&0&1\\1&1&0\end{pmatrix}$,则 $\boldsymbol{P}^{-1}\boldsymbol{BP}=\mathrm{diag}(-2,1,1)$,所以

$$\boldsymbol{B}=\boldsymbol{P}\mathrm{diag}(-2,1,1)\boldsymbol{P}^{-1}=\begin{pmatrix}1&-1&1\\-1&0&1\\1&1&0\end{pmatrix}\mathrm{diag}(-2,1,1)\begin{pmatrix}\frac{1}{3}&-\frac{1}{3}&\frac{1}{3}\\-\frac{1}{3}&\frac{1}{3}&\frac{2}{3}\\\frac{1}{3}&\frac{2}{3}&\frac{1}{3}\end{pmatrix}$$

$$=\begin{pmatrix}0&1&-1\\1&0&1\\-1&1&0\end{pmatrix}.$$

十、解　由$|\lambda\boldsymbol{E}-\boldsymbol{A}|=0\Rightarrow\begin{vmatrix}\lambda-1&-a&3\\1&\lambda-4&3\\-1&2&\lambda-5\end{vmatrix}=0\Rightarrow(\lambda-2)(\lambda^2-8\lambda+10+a)=0$.

第一种情况:若 $\lambda_1=\lambda_2=2$(设 2 为二重根),将 2 代入 $\lambda^2-8\lambda+10+a=0$ 可得 $a=2$,此时另外一个特征值为 6.

当 $\lambda_1=\lambda_2=2$ 时,

$$(\lambda\boldsymbol{E}-\boldsymbol{A})\boldsymbol{x}=\boldsymbol{0}\Rightarrow\begin{pmatrix}1&-2&3\\1&-2&3\\-1&2&-3\end{pmatrix}\boldsymbol{x}=\boldsymbol{0}\Rightarrow x_1-2x_2+3x_3=0,$$

方程组的基础解系为$\boldsymbol{\xi}_1=(2,1,0)^{\mathrm{T}}$,$\boldsymbol{\xi}_2=(-3,0,1)^{\mathrm{T}}$,即线性无关的特征向量个数与特征值的重数相等,可以对角化.

第二种情况:若 $\lambda_1=2$(设 2 为单根),则根据特征值的性质可得

$$\lambda^2-8\lambda+10+a=(\lambda-\lambda_{2,3})^2,$$

解得 $\lambda_2=\lambda_3=4$,$a=6$.

(或按下列方法求得：$\lambda_1+\lambda_2+\lambda_3=10$，可得 $\lambda_2=\lambda_3=4$，$\lambda_1\lambda_2\lambda_3=|\boldsymbol{A}|=20+2a\Rightarrow a=6$.)

当 $\lambda_2=\lambda_3=4$ 时，

$$(\lambda \boldsymbol{E}-\boldsymbol{A})\boldsymbol{x}=\boldsymbol{0}\Rightarrow\begin{pmatrix}3&-6&3\\1&0&3\\-1&2&-1\end{pmatrix}\boldsymbol{x}=\boldsymbol{0}\Rightarrow\begin{pmatrix}1&0&3\\0&1&1\\0&0&0\end{pmatrix}\boldsymbol{x}=\boldsymbol{0}\Rightarrow\begin{cases}x_1+3x_3=0,\\x_2+x_3=0,\end{cases}$$

方程组的基础解系为 $\boldsymbol{\xi}_2=(-3,-1,1)^{\mathrm{T}}$，即线性无关的特征向量个数与特征值的重数不等，不存在三个线性无关的特征向量，此种情况矩阵 $\boldsymbol{A}$ 不能相似对角化.

5.3 模拟考场

一、1. $\frac{3}{2}$.　2. $\pm\sqrt{39}$.　3. $\frac{1}{3}$.

解　$|\boldsymbol{A}|=6x-2=0$.

4. 1.

解　方法一　由已知，有 $\boldsymbol{A}^2\boldsymbol{\alpha}_2=2\boldsymbol{A}\boldsymbol{\alpha}_1+\boldsymbol{A}\boldsymbol{\alpha}_2=\boldsymbol{A}\boldsymbol{\alpha}_2$，即 $\boldsymbol{A}(\boldsymbol{A}\boldsymbol{\alpha}_2)=1\cdot(\boldsymbol{A}\boldsymbol{\alpha}_2)$，$\boldsymbol{A}\boldsymbol{\alpha}_2\neq\boldsymbol{0}$，故 $\boldsymbol{A}$ 的非零特征值为 1.

方法二　$\boldsymbol{A}(\boldsymbol{\alpha}_1,\boldsymbol{\alpha}_2)=(\boldsymbol{\alpha}_1,\boldsymbol{\alpha}_2)\begin{pmatrix}0&2\\0&1\end{pmatrix}$，因为 $\boldsymbol{\alpha}_1,\boldsymbol{\alpha}_2$ 线性无关，所以 $\boldsymbol{C}=(\boldsymbol{\alpha}_1,\boldsymbol{\alpha}_2)$ 为可逆矩阵，$\boldsymbol{C}^{-1}\boldsymbol{A}\boldsymbol{C}=\begin{pmatrix}0&2\\0&1\end{pmatrix}$，所以 $\boldsymbol{A}$ 与 $\begin{pmatrix}0&2\\0&1\end{pmatrix}$ 相似，有相同的特征值，所以得到 $\boldsymbol{A}$ 的非零特征值为 1.

5. $-4,-6,-12$.

解　$\boldsymbol{B}\boldsymbol{x}=(\boldsymbol{A}^3-5\boldsymbol{A}^2)\boldsymbol{x}=\boldsymbol{A}^3\boldsymbol{x}-5\boldsymbol{A}^2\boldsymbol{x}=\lambda^3\boldsymbol{x}-5\lambda^2\boldsymbol{x}=(\lambda^3-5\lambda^2)\boldsymbol{x}$，代入 $1,-1,2$，得 $-4,-6,-12$.

6. $a=\pm\frac{1}{\sqrt{2}}$，$b=\mp\frac{1}{\sqrt{2}}$.

7. $-2<\lambda<1$.

解　$\boldsymbol{A}=\begin{pmatrix}1&\lambda&-1\\\lambda&4&2\\-1&2&4\end{pmatrix}$，由各阶顺序主子式大于 0，可得不等式 $\begin{cases}\lambda^2+\lambda-2<0,\\4-\lambda^2>0,\end{cases}$ 解得 $-2<\lambda<1$.

8. λ.

解　相似矩阵特征值相同.

9. $\begin{pmatrix}1&2\\2&2\end{pmatrix}$.

解　$\boldsymbol{x}^{\mathrm{T}}\begin{pmatrix}1&3\\1&2\end{pmatrix}\boldsymbol{x}=(x_1,x_2)\begin{pmatrix}1&3\\1&2\end{pmatrix}\begin{pmatrix}x_1\\x_2\end{pmatrix}=x_1^2+4x_1x_2+2x_2^2$.

二、1. D.

解　$\boldsymbol{A}$ 与 $\boldsymbol{B}$ 相似.

2. A.

解 二次型矩阵 $\boldsymbol{A}$ 的行列式

$$|\boldsymbol{A}|=\begin{vmatrix}2&1&\cdots&1\\1&2&\cdots&1\\\vdots&\vdots&\ddots&\vdots\\1&1&\cdots&2\end{vmatrix}=(n+1)\begin{vmatrix}1&1&\cdots&1\\1&2&\cdots&1\\\vdots&\vdots&\ddots&\vdots\\1&1&\cdots&2\end{vmatrix}$$

$$\xlongequal{r_i-r_1}(n+1)\begin{vmatrix}1&1&\cdots&1\\0&1&\cdots&0\\\vdots&\vdots&\ddots&\vdots\\0&0&\cdots&1\end{vmatrix}=n+1>0,$$

各阶顺序主子式均可类似计算,可知各阶顺序主子式均大于零.

3. B.

解 $\boldsymbol{A}-5\boldsymbol{E}$ 的特征值为 $-4,-6,-3$,则行列式的值为 $(-4)\times(-6)\times(-3)=-72$.

4. D.　5. B.

三、1. **证明** 由 $\boldsymbol{A}^2-2\boldsymbol{A}-3\boldsymbol{E}=\boldsymbol{0}$,有 $(\boldsymbol{A}-3\boldsymbol{E})(\boldsymbol{A}+\boldsymbol{E})=\boldsymbol{0}$,则 $|\boldsymbol{A}-3\boldsymbol{E}||\boldsymbol{A}+\boldsymbol{E}|=0\Rightarrow|\boldsymbol{A}-3\boldsymbol{E}|=0$ 或 $|\boldsymbol{A}+\boldsymbol{E}|=0$,因此 $\boldsymbol{A}$ 的特征值为 -1 或 3.

2. **证明** 由于 $\boldsymbol{A}$ 与 $\boldsymbol{B}$ 相似,则必存在可逆方阵 $\boldsymbol{P}$,使得 $\boldsymbol{B}=\boldsymbol{P}^{-1}\boldsymbol{A}\boldsymbol{P}$,$\boldsymbol{B}^{-1}=(\boldsymbol{P}^{-1}\boldsymbol{A}\boldsymbol{P})^{-1}=\boldsymbol{P}^{-1}\boldsymbol{A}^{-1}\boldsymbol{P}$,则 $\boldsymbol{A}^{-1}$ 与 $\boldsymbol{B}^{-1}$ 相似.

四、**解** 由 $|\boldsymbol{A}-\lambda\boldsymbol{E}|=\boldsymbol{0}$,解得 $\boldsymbol{A}$ 的特征值为 $\lambda_1=1$(二重),$\lambda_2=-2$.

当 $\lambda_1=1$ 时,由 $(\boldsymbol{A}-\boldsymbol{E})\boldsymbol{x}=\boldsymbol{0}$ 解得特征向量 $\boldsymbol{\xi}_1=(-2,1,0)^{\mathrm{T}}$,$\boldsymbol{\xi}_2=(0,0,1)^{\mathrm{T}}$;

当 $\lambda_3=-2$ 时,由 $(\boldsymbol{A}+2\boldsymbol{E})\boldsymbol{x}=\boldsymbol{0}$ 解得特征向量 $\boldsymbol{\xi}_3=(-1,1,1)^{\mathrm{T}}$.

将 $\boldsymbol{\xi}_1,\boldsymbol{\xi}_2,\boldsymbol{\xi}_3$ 组成可逆矩阵 $\boldsymbol{P}=\begin{pmatrix}-2&0&-1\\1&0&1\\0&1&1\end{pmatrix}$,$\boldsymbol{P}^{-1}=\begin{pmatrix}-1&-1&0\\-1&-2&1\\1&2&0\end{pmatrix}$,则有 $\boldsymbol{P}^{-1}\boldsymbol{A}\boldsymbol{P}=\boldsymbol{\Lambda}=\begin{pmatrix}1&&\\&1&\\&&-2\end{pmatrix}$,从而有 $\boldsymbol{A}=\boldsymbol{P}\boldsymbol{\Lambda}\boldsymbol{P}^{-1}$,故

$$\boldsymbol{A}^{50}=\boldsymbol{P}\boldsymbol{\Lambda}^{50}\boldsymbol{P}^{-1}=\boldsymbol{P}\begin{pmatrix}1&&\\&1&\\&&2^{50}\end{pmatrix}\boldsymbol{P}^{-1}=\begin{pmatrix}2-2^{50}&2-2^{51}&0\\-1+2^{50}&1+2^{51}&0\\-1+2^{50}&-2+2^{51}&1\end{pmatrix}.$$

五、**解** 由于 $\boldsymbol{A}$ 为实对称矩阵,且特征值为 $\lambda_1=1,\lambda_2=0,\lambda_3=-1$,故 $\boldsymbol{A}$ 与对角矩阵 $\boldsymbol{\Lambda}=\begin{pmatrix}1&0&0\\0&0&0\\0&0&-1\end{pmatrix}$ 相似,则必存在正交阵 $\boldsymbol{P}$,使得 $\boldsymbol{P}^{-1}\boldsymbol{A}\boldsymbol{P}=\boldsymbol{\Lambda}$,故有 $\boldsymbol{A}=\boldsymbol{P}\boldsymbol{\Lambda}\boldsymbol{P}^{-1}$.

由于三个特征值不同,故 $\boldsymbol{\xi}_1,\boldsymbol{\xi}_2,\boldsymbol{\xi}_3$ 相互正交,令 $\boldsymbol{P}_1=(\boldsymbol{\xi}_1,\boldsymbol{\xi}_2,\boldsymbol{\xi}_3)=\begin{pmatrix}1&2&-2\\2&-2&-1\\2&1&2\end{pmatrix}$,将

其对应的列向量单位化得正交矩阵 $\boldsymbol{P}=\begin{pmatrix}\frac{1}{3} & \frac{2}{3} & -\frac{2}{3}\\ \frac{2}{3} & -\frac{2}{3} & -\frac{1}{3}\\ \frac{2}{3} & \frac{1}{3} & \frac{2}{3}\end{pmatrix}$，由于 $\boldsymbol{P}$ 为正交矩阵，则 $\boldsymbol{P}^{-1}=\boldsymbol{P}^{\mathrm{T}}$，则

$$\boldsymbol{A}=\boldsymbol{P\Lambda P}^{\mathrm{T}}=\begin{pmatrix}-\frac{1}{3} & 0 & \frac{2}{3}\\ 0 & \frac{1}{3} & \frac{2}{3}\\ \frac{2}{3} & \frac{2}{3} & 0\end{pmatrix}.$$

六、**解**　二次型矩阵为 $\boldsymbol{A}=\begin{pmatrix}0 & 2 & -2\\ 2 & 4 & 4\\ -2 & 4 & -3\end{pmatrix}$，它的特征多项式为 $|\lambda\boldsymbol{E}-\boldsymbol{A}|=\begin{vmatrix}\lambda & -2 & 2\\ -2 & \lambda-4 & -4\\ 2 & -4 & \lambda+3\end{vmatrix}=(\lambda-1)(\lambda^2-36)=0$，所以特征值为 $\lambda_1=1,\lambda_2=6,\lambda_3=-6$.

对 $\lambda_1=1$，解 $(\boldsymbol{E}-\boldsymbol{A})\boldsymbol{x}=\boldsymbol{0}$，得基础解系 $\boldsymbol{\alpha}_1=(2,0,-1)^{\mathrm{T}}$；

对 $\lambda_2=6$，解 $(6\boldsymbol{E}-\boldsymbol{A})\boldsymbol{x}=\boldsymbol{0}$，得基础解系 $\boldsymbol{\alpha}_2=(1,5,2)^{\mathrm{T}}$；

对 $\lambda_3=-6$，解 $(-6\boldsymbol{E}-\boldsymbol{A})\boldsymbol{x}=\boldsymbol{0}$，得基础解系 $\boldsymbol{\alpha}_3=(1,-1,2)^{\mathrm{T}}$.

取 $\boldsymbol{\beta}_1=\frac{\boldsymbol{\alpha}_1}{\|\boldsymbol{\alpha}_1\|}$，$\boldsymbol{\beta}_2=\frac{\boldsymbol{\alpha}_2}{\|\boldsymbol{\alpha}_2\|}$，$\boldsymbol{\beta}_3=\frac{\boldsymbol{\alpha}_3}{\|\boldsymbol{\alpha}_3\|}$，得正交矩阵 $\boldsymbol{P}=(\boldsymbol{\beta}_1,\boldsymbol{\beta}_2,\boldsymbol{\beta}_3)=\begin{pmatrix}\frac{2}{\sqrt{5}} & \frac{1}{\sqrt{30}} & \frac{1}{\sqrt{6}}\\ 0 & \frac{5}{\sqrt{30}} & -\frac{1}{\sqrt{6}}\\ -\frac{1}{\sqrt{5}} & \frac{2}{\sqrt{30}} & \frac{2}{\sqrt{6}}\end{pmatrix}$，由正交变换 $\boldsymbol{x}=\boldsymbol{Py}$，得其标准形为 $f=y_1^2+6y_2^2-6y_3^2$，其规范形为 $f=z_1^2+z_2^2-z_3^2$.

七、1. **证明**　由于 $\boldsymbol{A},\boldsymbol{B},\boldsymbol{C}$ 均为正交矩阵，则 $\boldsymbol{AA}^{\mathrm{T}}=\boldsymbol{B}^{\mathrm{T}}\boldsymbol{B}=\boldsymbol{CC}^{\mathrm{T}}=\boldsymbol{E}$，于是

$$(\boldsymbol{A}^{\mathrm{T}}\boldsymbol{BC}^{-1})^{\mathrm{T}}(\boldsymbol{A}^{\mathrm{T}}\boldsymbol{BC}^{-1})=(\boldsymbol{C}^{-1})^{\mathrm{T}}\boldsymbol{B}^{\mathrm{T}}\boldsymbol{A}(\boldsymbol{A}^{\mathrm{T}}\boldsymbol{BC}^{-1})=\boldsymbol{E},$$

则 $\boldsymbol{A}^{\mathrm{T}}\boldsymbol{BC}^{-1}$ 也是正交矩阵.

*2. **证明**　由于 $\boldsymbol{A},\boldsymbol{P}$ 为同阶正定矩阵，则对任意非零向量 $\boldsymbol{x}$ 有 $f_1=\boldsymbol{x}^{\mathrm{T}}\boldsymbol{Ax}>0$，$\boldsymbol{P}$ 为可逆矩阵，故 $\boldsymbol{P}^{\mathrm{T}}\boldsymbol{x}\neq\boldsymbol{0}$，而 $f=\boldsymbol{x}^{\mathrm{T}}\boldsymbol{PAP}^{\mathrm{T}}\boldsymbol{x}=(\boldsymbol{P}^{\mathrm{T}}\boldsymbol{x})^{\mathrm{T}}\boldsymbol{A}(\boldsymbol{P}^{\mathrm{T}}\boldsymbol{x})>\boldsymbol{0}$，因此 $\boldsymbol{PAP}^{\mathrm{T}}$ 为正定矩阵.

模拟试卷

试　卷　一

一、选择题(本题共 5 小题,每小题 3 分,共 15 分)

1. 若 $\begin{vmatrix} a_{11} & a_{12} & a_{13} \\ a_{21} & a_{22} & a_{23} \\ a_{31} & a_{32} & a_{33} \end{vmatrix} = d$,则 $\begin{vmatrix} 5a_{11} & 2a_{12} & a_{13} \\ 5a_{21} & 2a_{22} & a_{23} \\ 5a_{31} & 2a_{32} & a_{33} \end{vmatrix} =$(　　).

A. $-10d$　　B. $10d$　　C. $-5d$　　D. $5d$

2. 设 $\boldsymbol{A},\boldsymbol{B}$ 为 n 阶对称矩阵,m 为大于 1 的自然数,则必为对称矩阵的是(　　).

A. $\boldsymbol{A}^m$　　B. $(\boldsymbol{AB})^m$　　C. $\boldsymbol{AB}$　　D. $(\boldsymbol{A}+\boldsymbol{B})^{-1}$

3. 设 $\boldsymbol{\alpha}_1=(3,1,0)$,$\boldsymbol{\alpha}_2=(0,1,1)$,$\boldsymbol{\alpha}_3=(k,-1,0)$,已知向量组 $\boldsymbol{\alpha}_1,\boldsymbol{\alpha}_2,\boldsymbol{\alpha}_3$ 线性相关,则 $k=$(　　).

A. 3　　B. -3　　C. 2　　D. -2

4. 设 $\boldsymbol{\eta}_1,\boldsymbol{\eta}_2,\boldsymbol{\eta}_3$ 是线性方程组 $\boldsymbol{Ax}=\boldsymbol{b}(\boldsymbol{b}\neq\boldsymbol{0})$ 的解向量,则下列也是其解向量的是(　　).

A. $3\boldsymbol{\eta}_1+2\boldsymbol{\eta}_2-4\boldsymbol{\eta}_3$　　B. $2\boldsymbol{\eta}_1+\boldsymbol{\eta}_2-\boldsymbol{\eta}_3$　　C. $\boldsymbol{\eta}_1+\boldsymbol{\eta}_2+\boldsymbol{\eta}_3$　　D. $-\boldsymbol{\eta}_1+2\boldsymbol{\eta}_2-\boldsymbol{\eta}_3$

5. 设 0 是矩阵 $\boldsymbol{A}=\begin{pmatrix} 1 & 0 & 1 \\ 0 & 2 & 0 \\ 1 & 0 & a \end{pmatrix}$ 的特征值,则 $a=$(　　).

A. 1　　B. -1　　C. 0　　D. 2

二、填空题(本题共 5 小题,每小题 3 分,共 15 分)

1. 排列 6745132 的逆序数为________,奇偶性为________.

2. 设矩阵 $\boldsymbol{A}=\begin{pmatrix} 3 & 1 & 1 \\ 1 & 3 & 1 \\ 1 & 1 & 3 \end{pmatrix}$,则 $|\boldsymbol{A}|=$________,$|2\boldsymbol{A}^{-1}|=$________.

3. 令 $\boldsymbol{E}$ 为 $n\times n$ 单位矩阵,$\boldsymbol{B}$ 为 $n\times n$ 矩阵,则 $2n\times 2n$ 分块矩阵 $\boldsymbol{A}=\begin{pmatrix} \boldsymbol{E} & \boldsymbol{0} \\ \boldsymbol{B} & \boldsymbol{E} \end{pmatrix}$ 的逆矩阵为________.

4. 齐次线性方程 $x_1+2x_2+\cdots+nx_n=0$ 的基础解系含有解向量个数为________.

5. 已知三阶方阵 $\boldsymbol{A}$ 满足 $|\boldsymbol{A}-2\boldsymbol{E}|=0$,$|\boldsymbol{A}+2\boldsymbol{E}|=0$,$|\boldsymbol{A}-3\boldsymbol{E}|=0$,则 $|\boldsymbol{A}^2-2\boldsymbol{E}|=$________.

三、计算题(本题共 5 小题,每小题 10 分,共 50 分)

1. 计算行列式 $D=\begin{vmatrix} 5 & 1 & 2 & 1 \\ 10 & -1 & 3 & 2 \\ 0 & 1 & 0 & 0 \\ 3 & 6 & 1 & 1 \end{vmatrix}$.

2. 已知矩阵 $\boldsymbol{A}=\begin{pmatrix}1 & 1 & 1\\ 1 & 1 & -1\\ 1 & -1 & 1\end{pmatrix}$，$\boldsymbol{B}=\begin{pmatrix}4 & \frac{3}{2} & 0\\ -2 & 2 & 1\\ 0 & -\frac{3}{2} & 3\end{pmatrix}$，且矩阵 $\boldsymbol{C}=\boldsymbol{AB}-4\boldsymbol{A}$，求 $\boldsymbol{C}^{-1}$.

3. 当 m 为何值时，线性方程组 $\begin{cases}x_1+x_2+mx_3=4,\\ -x_1+mx_2+x_3=m^2,\\ x_1-x_2+2x_3=-4\end{cases}$ 无解？有唯一解？有无穷多解？在有无穷多解时求出全部解，并用基础解系表示全部解.

4. 已知向量组$\boldsymbol{\alpha}_1=(1,-1,0,0)^{\mathrm{T}}$,$\boldsymbol{\alpha}_2=(-1,2,1,-1)^{\mathrm{T}}$,$\boldsymbol{\alpha}_3=(0,1,1,-1)^{\mathrm{T}}$,$\boldsymbol{\alpha}_4=(-1,3,2,1)^{\mathrm{T}}$,$\boldsymbol{\alpha}_5=(-2,6,4,2)^{\mathrm{T}}$,试求这个向量组的秩和一个最大无关组,并把不属于最大无关组的向量用最大无关组线性表示。

5. 求方阵$\boldsymbol{A}=\begin{pmatrix}1&3&3\\3&1&3\\3&3&1\end{pmatrix}$的全部特征值与每个特征值对应的全部特征向量.

四、综合题(本题共 2 小题,每小题 10 分,共 20 分)

1. 设行列式 $D=\begin{vmatrix} 3 & 0 & 4 & 0 \\ 2 & 2 & 2 & 2 \\ 0 & -7 & 0 & 0 \\ 5 & 3 & -2 & 2 \end{vmatrix}$,求第四行各元素余子式之和.

2. 假设方阵 $\boldsymbol{A}$ 满足矩阵方程 $\boldsymbol{A}^2-2\boldsymbol{A}+5\boldsymbol{E}=\boldsymbol{0}$,证明 $\boldsymbol{A}$ 可逆,并求 $\boldsymbol{A}$ 的逆.

试 卷 二

一、选择题(本题共 5 小题,每小题 3 分,共 15 分)

1. 若 $\boldsymbol{A},\boldsymbol{B}$ 为同阶方阵,则下列命题正确的是(　　).

A. $|\boldsymbol{AB}|=|\boldsymbol{BA}|$　　B. 若 $|\boldsymbol{A}|=0$,则 $\boldsymbol{A}=\boldsymbol{0}$

C. $|\boldsymbol{A}+\boldsymbol{B}|=|\boldsymbol{A}|+|\boldsymbol{B}|$　　D. 若 $\boldsymbol{A}\neq\boldsymbol{0},\boldsymbol{B}\neq\boldsymbol{0}$,则 $\boldsymbol{AB}\neq\boldsymbol{0}$

2. 已知方阵 $\boldsymbol{A},\boldsymbol{B}$ 可逆,且 $\boldsymbol{BXA}=\boldsymbol{C}$,则方阵 $\boldsymbol{X}=$(　　).

A. $\boldsymbol{CA}^{-1}\boldsymbol{B}^{-1}$　　B. $\boldsymbol{A}^{-1}\boldsymbol{CB}^{-1}$

C. $\boldsymbol{B}^{-1}\boldsymbol{A}^{-1}\boldsymbol{C}$　　D. $\boldsymbol{B}^{-1}\boldsymbol{CA}^{-1}$

3. 设矩阵 $\boldsymbol{A}=\begin{pmatrix}x&1&1\\1&x&1\\1&1&x\end{pmatrix}$,且 $\mathrm{R}(\boldsymbol{A})=2$,则 $x=$(　　).

A. 1　　B. 1 或 -2　　C. -1 或 2　　D. -2

4. 若 $\boldsymbol{\alpha}_1,\boldsymbol{\alpha}_2,\boldsymbol{\alpha}_3,\boldsymbol{\alpha}_4$ 线性相关，而 $\boldsymbol{\alpha}_1,\boldsymbol{\alpha}_2,\boldsymbol{\alpha}_4$ 线性无关，则必有(　　).

A. $\boldsymbol{\alpha}_1$ 可由 $\boldsymbol{\alpha}_2,\boldsymbol{\alpha}_3$ 线性表示　　B. $\boldsymbol{\alpha}_4$ 可由 $\boldsymbol{\alpha}_1,\boldsymbol{\alpha}_2$ 线性表示

C. $\boldsymbol{\alpha}_1,\boldsymbol{\alpha}_2$ 线性相关　　D. $\boldsymbol{\alpha}_3$ 可由 $\boldsymbol{\alpha}_1,\boldsymbol{\alpha}_2,\boldsymbol{\alpha}_4$ 线性表示

5. 设 $\boldsymbol{A}=\begin{pmatrix}0&0&1\\a&1&b\\1&0&0\end{pmatrix}$ 有三个线性无关的特征向量,则 a,b 应满足条件(　　).

A. $a+b=1$　　B. $a+b=0$

C. $a-b=0$　　D. $a-b=1$

二、填空题(本题共 5 小题,每小题 3 分,共 15 分)

1. 若排列 $abcdef$ 的逆序数为 k,则排列 $fedcba$ 的逆序数为________.

2. 如果行列式 $\begin{vmatrix}1&0&a\\2&-1&1\\a&a&2\end{vmatrix}$ 的代数余子式 $A_{12}=-1$,则 $A_{21}=$________.

3. 当 $x=$________时，矩阵 $\begin{pmatrix}2&x+1&1\\1&1&2\\0&0&x-1\end{pmatrix}$ 不可逆.

4. 设 $\boldsymbol{A}=\begin{pmatrix}1&2&2&2\\2&1&2&2\\2&2&1&2\\2&2&2&1\end{pmatrix}$,则 $\boldsymbol{A}$ 的秩为________,$\boldsymbol{A}$ 的标准形为________.

5. 若三阶方阵 $\boldsymbol{A}$ 的三个特征值为 $1,-1,3$,则 $|\boldsymbol{A}|=$________,$\boldsymbol{A}^2+\boldsymbol{A}-2\boldsymbol{E}$ 的特征值为________.

三、计算题(本题共 5 小题,每小题 10 分,共 50 分)

1. 计算行列式 $D=\begin{vmatrix}2 & 0 & 0 & 1\\ 0 & 1 & 0 & 0\\ 1 & 6 & 2 & 0\\ 1 & 1 & -2 & 3\end{vmatrix}$.

2. 如果 $f(x)=x^2-3x+3$,$\boldsymbol{A}=\begin{pmatrix}1 & 1 & 0\\ 0 & 1 & 0\\ 0 & 0 & 1\end{pmatrix}$,求 $f(\boldsymbol{A})$,并求 $f(\boldsymbol{A})$的逆矩阵.

3. 求线性方程组$\begin{cases}x_1+x_2+x_3+x_4=1,\\ 3x_1+2x_2+x_3+x_4=-2,\\ x_2+2x_3+x_4=5,\\ 5x_1+4x_2+3x_3+3x_4=0\end{cases}$的基础解系与通解。

4. 已知向量组$\boldsymbol{\alpha}_1=(a,3,1)^{\mathrm{T}}$,$\boldsymbol{\alpha}_2=(2,b,3)^{\mathrm{T}}$,$\boldsymbol{\alpha}_3=(1,2,1)^{\mathrm{T}}$,$\boldsymbol{\alpha}_4=(2,3,1)^{\mathrm{T}}$的秩为 2,求 a,b。

5. 求方阵$\mathbf{A}=\begin{pmatrix}1 & 1 & 2\\0 & 2 & 1\\0 & 3 & 0\end{pmatrix}$的全部特征值与每个特征值对应的全部特征向量.

四、综合题(本题共 2 小题,每小题 10 分,共 20 分)

1. 设矩阵 $\boldsymbol{A}=\begin{pmatrix}2 & -1 & 3\\0 & 5 & 1\\1 & 2 & 3\end{pmatrix}$,求矩阵$(\boldsymbol{A}-3\boldsymbol{E})^{-1}(\boldsymbol{A}^2-9\boldsymbol{E})$.

2. 设 $\boldsymbol{A}$ 为一 4×5 矩阵,$\boldsymbol{\alpha}_1,\boldsymbol{\alpha}_2,\boldsymbol{\alpha}_3,\boldsymbol{\alpha}_4,\boldsymbol{\alpha}_5$ 分别是矩阵 $\boldsymbol{A}$ 对应的各个列所构成的向量,若$\boldsymbol{\alpha}_1,\boldsymbol{\alpha}_2,\boldsymbol{\alpha}_4$ 线性无关,且$\boldsymbol{\alpha}_3=\boldsymbol{\alpha}_1+2\boldsymbol{\alpha}_2,\boldsymbol{\alpha}_5=2\boldsymbol{\alpha}_1-\boldsymbol{\alpha}_2+3\boldsymbol{\alpha}_4$,求 $\boldsymbol{A}$ 的行最简形.

试 卷 三

一、选择题(本题共 5 小题,每小题 3 分,共 15 分)

1. 设 $\boldsymbol{A}$,$\boldsymbol{B}$ 为 n 阶可逆矩阵,则下列等式成立的是(   ).

A. $|(\boldsymbol{AB})^{-1}|=\dfrac{1}{|\boldsymbol{A}^{-1}|}\dfrac{1}{|\boldsymbol{B}^{-1}|}$ B. $|(\boldsymbol{AB})^{-1}|=|\boldsymbol{A}|^{-1}|\boldsymbol{B}|^{-1}$

C. $|(\boldsymbol{AB})^{-1}|=|\boldsymbol{A}||\boldsymbol{B}|$ D. $|(\boldsymbol{AB})^{-1}|=(-1)^n|\boldsymbol{AB}|$

2. 设矩阵 $\boldsymbol{A}=\begin{pmatrix}-1 & 2 & 3\\ -3 & 6 & 8\\ 2 & -4 & t\end{pmatrix}$,且 $R(\boldsymbol{A})=2$,则 $t=$(   ).

A. -6 B. 6 C. 8 D. t 为任何实数

3. 设 $\boldsymbol{A}$ 是三阶方阵,且 $\boldsymbol{A}^2=\boldsymbol{0}$,下列等式必成立的是(   ).

A. $\boldsymbol{A}=\boldsymbol{0}$ B. $R(\boldsymbol{A})=2$ C. $\boldsymbol{A}^3=\boldsymbol{0}$ D. $|\boldsymbol{A}|\neq 0$

4. 设 $\boldsymbol{\alpha}_1$,$\boldsymbol{\alpha}_2$,$\boldsymbol{\alpha}_3$ 是四元线性方程组 $\boldsymbol{Ax}=\boldsymbol{b}\,(\boldsymbol{b}\neq\boldsymbol{0})$ 的三个解向量,且 $R(\boldsymbol{A})=3$,$\boldsymbol{\alpha}_1=(1,2,3,4)^{\mathrm{T}}$,$\boldsymbol{\alpha}_2+\boldsymbol{\alpha}_3=(0,1,2,3)^{\mathrm{T}}$,$c$ 表示任意常数,则此线性方程组的通解为(   ).

A. $(1,2,3,4)^{\mathrm{T}}+c(1,1,1,1)^{\mathrm{T}}$ B. $(1,2,3,4)^{\mathrm{T}}+c(0,1,2,3)^{\mathrm{T}}$

C. $(1,2,3,4)^{\mathrm{T}}+c(2,3,4,5)^{\mathrm{T}}$ D. $(1,2,3,4)^{\mathrm{T}}+c(3,4,5,6)^{\mathrm{T}}$

5. 设矩阵 $\boldsymbol{A}=\begin{pmatrix}-1 & k\\ 4 & 3\end{pmatrix}$,已知 5 是 $\boldsymbol{A}$ 的一个特征值,则常数 k 的值为(   ).

A. -3 B. 3 C. 2 D. -2

二、填空题(本题共 5 小题,每小题 3 分,共 15 分)

1. 在六阶行列式中项 $a_{32}a_{54}a_{41}a_{65}a_{13}a_{26}$ 所带的符号为________.

2. 已知四阶行列式中第一行元素依次为 $-4,0,1,3$,第三行元素的余子式依次为 $-2,5,1,x$,则 $x=$________.

3. 设 $\boldsymbol{A}$ 是三阶数量矩阵,且 $|\boldsymbol{A}|=-27$,则 $\boldsymbol{A}^{-1}=$________.

4. 设向量组 $\boldsymbol{\alpha}_1=(1\quad 1\quad 1)$,$\boldsymbol{\alpha}_2=(1\quad 2\quad a)$,$\boldsymbol{\alpha}_3=(1\quad 3\quad 5)$ 线性相关,则 $a=$________.

5. 已知三阶矩阵 $\boldsymbol{A}$ 的特征值为 1,2,3,则 $|\boldsymbol{A}^3-5\boldsymbol{A}|=$________.

三、计算题(本题共 5 小题,每小题 10 分,共 50 分)

1. 计算行列式 $D=\begin{vmatrix}2 & 1 & 2 & 1\\ 3 & 0 & 1 & 1\\ -1 & 2 & -2 & 1\\ -3 & 2 & 3 & 1\end{vmatrix}$.

2. 已知 $4\begin{pmatrix}2 & 1 & 1\\3 & 0 & 1\\0 & -1 & 1\end{pmatrix}+\boldsymbol{X}-\begin{pmatrix}2 & 3 & 0\\1 & 0 & -1\\2 & -1 & 1\end{pmatrix}=\begin{pmatrix}1 & 2 & 3\\0 & 0 & -1\\1 & -1 & 1\end{pmatrix}$,求矩阵 $\boldsymbol{X}$.

3. 设矩阵 $\boldsymbol{A}=\begin{pmatrix}0 & 0 & 1 & 2\\0 & 0 & 2 & 0\\2 & 1 & 0 & 0\\1 & 3 & 0 & 0\end{pmatrix}$,求 $\boldsymbol{A}^{-1}$.

4. 求解非齐次线性方程组 $\begin{cases}x_1+2x_2+x_3+x_4=2,\\2x_1+5x_2+x_3+4x_4=5,\\x_2-x_3+2x_4=1,\\x_1+3x_2+3x_4=3.\end{cases}$

5. 求方阵$\mathbf{A}=\begin{pmatrix}2 & -3 & 1\\1 & -2 & 1\\1 & -3 & 2\end{pmatrix}$的全部特征值与每个特征值对应的全部特征向量.

四、综合题(本题共 2 小题,每小题 10 分,共 20 分)

1. 证明:如果$\boldsymbol{\alpha}_1,\boldsymbol{\alpha}_2,\boldsymbol{\alpha}_3$线性无关,则$2\boldsymbol{\alpha}_1+\boldsymbol{\alpha}_2,\boldsymbol{\alpha}_2+\boldsymbol{\alpha}_3,4\boldsymbol{\alpha}_3+3\boldsymbol{\alpha}_1$也线性无关.

2. 设矩阵$\boldsymbol{A}=\begin{pmatrix} a & -1 & c \\ 5 & b & 3 \\ 1-c & 0 & -a \end{pmatrix}$,且$|\boldsymbol{A}|=-1$. 又$\boldsymbol{A}$的伴随矩阵$\boldsymbol{A}^*$有一个特征值$\lambda_0$,属于$\lambda_0$的一个特征向量为$\boldsymbol{\alpha}=(-1,-1,1)^{\mathrm{T}}$,求$a,b,c$和$\lambda_0$的值.

模拟试卷答案及解析

试　卷　一

一、选择题

1. B.　2. A.　3. B.　4. A.　5. A.

二、填空题

1. 17；奇.　2. 20；$\frac{2}{5}$.　3. $\boldsymbol{A}^{-1}=\begin{pmatrix}\boldsymbol{E} & \boldsymbol{0}\\ -\boldsymbol{B} & \boldsymbol{E}\end{pmatrix}$.　4. $n-1$.　5. 28.

三、计算题

1. $D=\begin{vmatrix}5 & 1 & 2 & 1\\ 10 & -1 & 3 & 2\\ 0 & 1 & 0 & 0\\ 3 & 6 & 1 & 1\end{vmatrix}=-\begin{vmatrix}5 & 2 & 1\\ 10 & 3 & 2\\ 3 & 1 & 1\end{vmatrix}=-\begin{vmatrix}5 & 2 & 1\\ 0 & -1 & 0\\ 3 & 1 & 1\end{vmatrix}=\begin{vmatrix}5 & 1\\ 3 & 1\end{vmatrix}=2.$

2. 因为 $\boldsymbol{C}=\boldsymbol{AB}-2\boldsymbol{A}=\begin{pmatrix}1 & 1 & 1\\ 1 & 1 & -1\\ 1 & -1 & 1\end{pmatrix}\begin{pmatrix}4 & \frac{3}{2} & 0\\ -2 & 2 & 1\\ 0 & -\frac{3}{2} & 3\end{pmatrix}-2\begin{pmatrix}1 & 1 & 1\\ 1 & 1 & -1\\ 1 & -1 & 1\end{pmatrix}$

$$=\begin{pmatrix}2 & 2 & 4\\ 2 & 5 & -2\\ 6 & -2 & 2\end{pmatrix}-\begin{pmatrix}2 & 2 & 2\\ 2 & 2 & -2\\ 2 & -2 & 2\end{pmatrix}=\begin{pmatrix}0 & 0 & 2\\ 0 & 3 & 0\\ 4 & 0 & 0\end{pmatrix},$$

所以，$\boldsymbol{C}^{-1}=\begin{pmatrix}0 & 0 & \frac{1}{4}\\ 0 & \frac{1}{3} & 0\\ \frac{1}{2} & 0 & 0\end{pmatrix}$.

3. 增广矩阵 $\boldsymbol{B}=\begin{pmatrix}1 & 1 & m & 4\\ -1 & m & 1 & m^2\\ 1 & -1 & 2 & -4\end{pmatrix}\sim\begin{pmatrix}1 & 1 & m & 4\\ 0 & m+1 & m+1 & m^2+4\\ 0 & -2 & 2-m & -8\end{pmatrix}$.

(1) 当 $m=-1$ 时，增广矩阵 $\boldsymbol{B}\sim\begin{pmatrix}1 & 1 & -1 & 4\\ 0 & 0 & 0 & 5\\ 0 & -2 & 3 & -8\end{pmatrix}$，$\mathrm{R}(\boldsymbol{A})=2<\mathrm{R}(\boldsymbol{B})=3$，线性方

程组无解.

(2) 当 $m\neq -1, m\neq 4$ 时，$R(\boldsymbol{A})=R(\boldsymbol{B})=3$，线性方程组有唯一解，此时原方程组等价于方程组 $\begin{cases} x_1+x_2+mx_3=4, \\ x_2+x_3=\dfrac{m^2+4}{m+1}, \\ x_2+\dfrac{m-2}{2}x_3=4. \end{cases}$ 由此可知原方程组的解为 $\begin{pmatrix} x_1 \\ x_2 \\ x_3 \end{pmatrix}=\begin{pmatrix} \dfrac{m^2+2m}{m+1} \\ \dfrac{m^2+2m+4}{m+1} \\ -\dfrac{2m}{m+1} \end{pmatrix}$.

(3) 当 $m=4$ 时，增广矩阵 $\boldsymbol{B}\sim\begin{pmatrix} 1 & 0 & 3 & 0 \\ 0 & 1 & 1 & 4 \\ 0 & 0 & 0 & 0 \end{pmatrix}$，$R(\boldsymbol{A})=R(\boldsymbol{B})=2$，线性方程组有无穷多解，此时原方程组等价于方程组 $\begin{cases} x_1+3x_3=0, \\ x_2+x_3=4, \end{cases}$ 可得基础解系为 $\xi=\begin{pmatrix} -3 \\ -1 \\ 1 \end{pmatrix}$，特解为 $\begin{pmatrix} 0 \\ 4 \\ 0 \end{pmatrix}$，所以方程组的解为 $\begin{pmatrix} x_1 \\ x_2 \\ x_3 \end{pmatrix}=k\begin{pmatrix} -3 \\ -1 \\ 1 \end{pmatrix}+\begin{pmatrix} 0 \\ 4 \\ 0 \end{pmatrix}$，其中 k 为任意常数.

4. 令 $\boldsymbol{A}=(\boldsymbol{\alpha}_1,\boldsymbol{\alpha}_2,\boldsymbol{\alpha}_3,\boldsymbol{\alpha}_4,\boldsymbol{\alpha}_5)=\begin{pmatrix} 1 & -1 & 0 & -1 & -2 \\ -1 & 2 & 1 & 3 & 6 \\ 0 & 1 & 1 & 2 & 4 \\ 0 & -1 & -1 & 1 & 2 \end{pmatrix}$，则

$$\boldsymbol{A}\sim\begin{pmatrix} 1 & -1 & 0 & -1 & -2 \\ 0 & 1 & 1 & 2 & 4 \\ 0 & 1 & 1 & 2 & 4 \\ 0 & 0 & 0 & 3 & 6 \end{pmatrix}\sim\begin{pmatrix} 1 & -1 & 0 & -1 & -2 \\ 0 & 1 & 1 & 2 & 4 \\ 0 & 0 & 0 & 3 & 6 \\ 0 & 0 & 0 & 0 & 0 \end{pmatrix}\sim\begin{pmatrix} 1 & -1 & 0 & -1 & -2 \\ 0 & 1 & 1 & 2 & 4 \\ 0 & 0 & 0 & 1 & 2 \\ 0 & 0 & 0 & 0 & 0 \end{pmatrix}\sim$$
$$\begin{pmatrix} 1 & 0 & 1 & 0 & 0 \\ 0 & 1 & 1 & 0 & 0 \\ 0 & 0 & 0 & 1 & 2 \\ 0 & 0 & 0 & 0 & 0 \end{pmatrix},$$

向量组 $\boldsymbol{\alpha}_1,\boldsymbol{\alpha}_2,\boldsymbol{\alpha}_3,\boldsymbol{\alpha}_4,\boldsymbol{\alpha}_5$ 的秩为 3，一个最大无关组为 $\boldsymbol{\alpha}_1,\boldsymbol{\alpha}_2,\boldsymbol{\alpha}_4$，且 $\boldsymbol{\alpha}_3=\boldsymbol{\alpha}_1+\boldsymbol{\alpha}_2$，$\boldsymbol{\alpha}_5=2\boldsymbol{\alpha}_4$.

5. 矩阵 $\boldsymbol{A}$ 的特征多项式为 $|\boldsymbol{A}-\lambda\boldsymbol{E}|=\begin{vmatrix} 1-\lambda & 3 & 3 \\ 3 & 1-\lambda & 3 \\ 3 & 3 & 1-\lambda \end{vmatrix}=\begin{vmatrix} 7-\lambda & 7-\lambda & 7-\lambda \\ 3 & 1-\lambda & 3 \\ 3 & 3 & 1-\lambda \end{vmatrix}=$

$$(7-\lambda)\begin{vmatrix} 1 & 1 & 1 \\ 3 & 1-\lambda & 3 \\ 3 & 3 & 1-\lambda \end{vmatrix}=(7-\lambda)\begin{vmatrix} 1 & 1 & 1 \\ 0 & -2-\lambda & 0 \\ 0 & 0 & -2-\lambda \end{vmatrix}=(7-\lambda)(\lambda+2)^2,$$

可得矩阵 $\boldsymbol{A}$ 的特征值为 $7, -2$(二重).

当特征值为 7 时，有 $\boldsymbol{A}-7\boldsymbol{E}=\begin{pmatrix} -6 & 3 & 3 \\ 3 & -6 & 3 \\ 3 & 3 & -6 \end{pmatrix}\sim\begin{pmatrix} 1 & -2 & 1 \\ 0 & 1 & -1 \\ 0 & 0 & 0 \end{pmatrix}$，所以可得

$\begin{cases}x_1-2x_2+x_3=0,\\x_2-x_3=0,\end{cases}$ 即 $\begin{cases}x_1=x_3,\\x_2=x_3,\end{cases}$ 特征向量为 $\boldsymbol{\xi}=k\begin{pmatrix}1\\1\\1\end{pmatrix}$，其中 k 是不为零的任意常数.

当特征值为 -2 时，有 $\boldsymbol{A}+2\boldsymbol{E}=\begin{pmatrix}3&3&3\\3&3&3\\3&3&3\end{pmatrix}\sim\begin{pmatrix}1&1&1\\0&0&0\\0&0&0\end{pmatrix}$，所以可得 $x_1+x_2+x_3=0$，即 $x_1=-x_2-x_3$，特征向量为 $\boldsymbol{\xi}=k_1\begin{pmatrix}-1\\1\\0\end{pmatrix}+k_2\begin{pmatrix}-1\\0\\1\end{pmatrix}$，其中 k_1,k_2 是不全为零的任意常数.

四、综合题

1. 行列式 D 的第四行各元素余子式之和为

$$M_{41}+M_{42}+M_{43}+M_{44}=-A_{41}+A_{42}-A_{43}+A_{44}=\begin{vmatrix}3&0&4&0\\2&2&2&2\\0&-7&0&0\\-1&1&-1&1\end{vmatrix}$$

$$=14\begin{vmatrix}3&4&0\\1&1&1\\-1&-1&1\end{vmatrix}=28\begin{vmatrix}3&4\\1&1\end{vmatrix}=-28.$$

2. 已知方阵 $\boldsymbol{A}$ 满足矩阵方程 $\boldsymbol{A}^2-2\boldsymbol{A}+5\boldsymbol{E}=\boldsymbol{0}$，可得 $\boldsymbol{A}\ \dfrac{(\boldsymbol{A}-2\boldsymbol{E})}{-5}=\boldsymbol{E}$，两边同时取行列式可得 $|\boldsymbol{A}|\left|\dfrac{(\boldsymbol{A}-2\boldsymbol{E})}{-5}\right|=1$，因此 $|\boldsymbol{A}|\neq0$，故 $\boldsymbol{A}$ 可逆，且 $\boldsymbol{A}$ 的逆为 $\dfrac{\boldsymbol{A}-2\boldsymbol{E}}{-5}$.

试 卷 二

一、选择题

1. A.　2. D.　3. B.　4. D.　5. B.

二、填空题

1. $15-k$.　2. 9.　3. 1.　4. 4; $\begin{pmatrix}1&0&0&0\\0&1&0&0\\0&0&1&0\\0&0&0&1\end{pmatrix}$.　5. -3; $0,-2,10$.

三、计算题

1. $D=\begin{vmatrix}2&0&0&1\\0&1&0&0\\1&6&2&0\\1&1&-2&3\end{vmatrix}=\begin{vmatrix}2&0&1\\1&2&0\\1&-2&3\end{vmatrix}=\begin{vmatrix}2&0&1\\1&2&0\\-5&-2&0\end{vmatrix}=\begin{vmatrix}1&2\\-5&-2\end{vmatrix}=8.$

2. $f(\boldsymbol{A})=\boldsymbol{A}^2-3\boldsymbol{A}+3\boldsymbol{E}=\begin{pmatrix}1&1&0\\0&1&0\\0&0&1\end{pmatrix}\begin{pmatrix}1&1&0\\0&1&0\\0&0&1\end{pmatrix}-3\begin{pmatrix}1&1&0\\0&1&0\\0&0&1\end{pmatrix}+3\begin{pmatrix}1&0&0\\0&1&0\\0&0&1\end{pmatrix}$

$$=\begin{pmatrix}1&2&0\\0&1&0\\0&0&1\end{pmatrix}-\begin{pmatrix}3&3&0\\0&3&0\\0&0&3\end{pmatrix}+\begin{pmatrix}3&0&0\\0&3&0\\0&0&3\end{pmatrix}=\begin{pmatrix}1&-1&0\\0&1&0\\0&0&1\end{pmatrix}.$$

$$f(\boldsymbol{A})^{-1}=\begin{pmatrix}1&1&0\\0&1&0\\0&0&1\end{pmatrix}.$$

3. 因为 $\boldsymbol{B}=\begin{pmatrix}1&1&1&1&1\\3&2&1&1&-2\\0&1&2&1&5\\5&4&3&3&0\end{pmatrix}\sim\begin{pmatrix}1&0&-1&-1&-4\\0&1&2&2&5\\0&0&0&1&0\\0&0&0&0&0\end{pmatrix}$,

由此可知 $\mathrm{R}(\boldsymbol{A})=\mathrm{R}(\boldsymbol{B})=3<4$，线性方程组有无穷多个解，同解方程组为 $\begin{cases}x_1=x_3-4,\\x_2=-2x_3+5,\\x_4=0,\end{cases}$ x_3 为自由未知量，则基础解系 $\boldsymbol{\xi}=\begin{pmatrix}1\\-2\\1\\0\end{pmatrix}$，特解为 $\begin{pmatrix}-4\\5\\0\\0\end{pmatrix}$，所以原方程组的

通解为 $\begin{pmatrix}x_1\\x_2\\x_3\\x_4\end{pmatrix}=k\begin{pmatrix}1\\-2\\1\\0\end{pmatrix}+\begin{pmatrix}-4\\5\\0\\0\end{pmatrix}$，$k$ 为任意常数.

4. 令 $\boldsymbol{A}=(\boldsymbol{\alpha}_1,\boldsymbol{\alpha}_2,\boldsymbol{\alpha}_3,\boldsymbol{\alpha}_4)=\begin{pmatrix}a&2&1&2\\3&b&2&3\\1&3&1&1\end{pmatrix}$，已知 $\boldsymbol{A}$ 的秩为 2，则可知三阶行列式

$\begin{vmatrix}a&1&2\\3&2&3\\1&1&1\end{vmatrix}=0$，$\begin{vmatrix}2&1&2\\b&2&3\\3&1&1\end{vmatrix}=0$，由此可得 $a=2,b=5$.

5. 矩阵 $\boldsymbol{A}$ 的特征多项式为

$$|\boldsymbol{A}-\lambda\boldsymbol{E}|=\begin{vmatrix}1-\lambda&1&2\\0&2-\lambda&1\\0&3&-\lambda\end{vmatrix}=(1-\lambda)\begin{vmatrix}2-\lambda&1\\3&-\lambda\end{vmatrix}=(1-\lambda)(\lambda+1)(\lambda-3),$$

可得矩阵 $\boldsymbol{A}$ 的特征值为 $1,-1,3$.

当特征值为 1 时，有 $\boldsymbol{A}-\boldsymbol{E}=\begin{pmatrix}0&1&2\\0&1&1\\0&3&-1\end{pmatrix}\sim\begin{pmatrix}0&1&0\\0&0&1\\0&0&0\end{pmatrix}$，所以可得 $\begin{cases}x_1=x_1,\\x_2=0,\\x_3=0,\end{cases}$ 特征向量为 $\boldsymbol{\xi}=k\begin{pmatrix}1\\0\\0\end{pmatrix}$，其中 k 是不为零的任意常数.

当特征值为 -1 时，有 $\boldsymbol{A}+\boldsymbol{E}=\begin{pmatrix}2&1&2\\0&3&1\\0&3&1\end{pmatrix}\sim\begin{pmatrix}2&1&2\\0&3&1\\0&0&0\end{pmatrix}$，可得 $\begin{cases}2x_1+x_2+2x_3=0,\\3x_2+x_3=0,\end{cases}$ 即

$\begin{cases} x_1=-\dfrac{5}{6}x_3, \\ x_2=-\dfrac{1}{3}x_3, \\ x_3=x_3, \end{cases}$ 特征向量为$\boldsymbol{\xi}=k\begin{pmatrix} -\dfrac{5}{6} \\ -\dfrac{1}{3} \\ 1 \end{pmatrix}$,$k$ 是不为零的任意常数.

当特征值为 3 时,有 $\boldsymbol{A}-3\boldsymbol{E}=\begin{pmatrix} -2 & 1 & 2 \\ 0 & -1 & 1 \\ 0 & 3 & -3 \end{pmatrix}\sim\begin{pmatrix} 1 & 0 & -\dfrac{3}{2} \\ 0 & 1 & -1 \\ 0 & 0 & 0 \end{pmatrix}$,所以可得

$\begin{cases} x_1=\dfrac{3}{2}x_3, \\ x_2=x_3, \\ x_3=x_3, \end{cases}$ 特征向量为$\boldsymbol{\xi}=k\begin{pmatrix} \dfrac{3}{2} \\ 1 \\ 1 \end{pmatrix}$,其中 k 是不为零的任意常数.

四、综合题

1. $\boldsymbol{A}-3\boldsymbol{E}=\begin{pmatrix} -1 & -1 & 3 \\ 0 & 2 & 1 \\ 1 & 2 & 0 \end{pmatrix}$,$|\boldsymbol{A}-3\boldsymbol{E}|\neq 0$,所以 $\boldsymbol{A}-3\boldsymbol{E}$ 可逆,且矩阵

$$(\boldsymbol{A}-3\boldsymbol{E})^{-1}(\boldsymbol{A}^2-9\boldsymbol{E})=(\boldsymbol{A}-3\boldsymbol{E})^{-1}(\boldsymbol{A}-3\boldsymbol{E})(\boldsymbol{A}+3\boldsymbol{E})=\boldsymbol{A}+3\boldsymbol{E}=\begin{pmatrix} 5 & -1 & 3 \\ 0 & 8 & 1 \\ 1 & 2 & 6 \end{pmatrix}.$$

2. 假设 $\boldsymbol{A}=(\boldsymbol{\alpha}_1,\boldsymbol{\alpha}_2,\boldsymbol{\alpha}_3,\boldsymbol{\alpha}_4,\boldsymbol{\alpha}_5)$,$\boldsymbol{A}$ 的行最简形$\boldsymbol{B}=(\boldsymbol{\beta}_1,\boldsymbol{\beta}_2,\boldsymbol{\beta}_3,\boldsymbol{\beta}_4,\boldsymbol{\beta}_5)$,$\boldsymbol{A}$ 经过初等行变换得到 $\boldsymbol{B}$,向量组中向量之间的线性相关性不变,已知$\boldsymbol{\alpha}_1,\boldsymbol{\alpha}_2,\boldsymbol{\alpha}_4$ 线性无关,且$\boldsymbol{\alpha}_3=\boldsymbol{\alpha}_1+2\boldsymbol{\alpha}_2$,$\boldsymbol{\alpha}_5=2\boldsymbol{\alpha}_1-\boldsymbol{\alpha}_2+3\boldsymbol{\alpha}_4$,则可得 $\boldsymbol{A}$ 的秩为 3,且其行最简形

$$\boldsymbol{B}=(\boldsymbol{\beta}_1,\boldsymbol{\beta}_2,\boldsymbol{\beta}_3,\boldsymbol{\beta}_4,\boldsymbol{\beta}_5)=\begin{pmatrix} 1 & 0 & 1 & 0 & 2 \\ 0 & 1 & 2 & 0 & -1 \\ 0 & 0 & 0 & 1 & 3 \\ 0 & 0 & 0 & 0 & 0 \end{pmatrix}.$$

试 卷 三

一、选择题

1. B. 2. D. 3. C. 4. C. 5. B.

二、填空题

1. —(负号). 2. 3. 3. $\boldsymbol{A}^{-1}=\begin{pmatrix} -\dfrac{1}{3} & & \\ & -\dfrac{1}{3} & \\ & & -\dfrac{1}{3} \end{pmatrix}$. 4. 3. 5. 96.

三、计算题

1. $D=\begin{vmatrix}2&1&2&1\\3&0&1&1\\-1&2&-2&1\\-3&2&3&1\end{vmatrix}=2\begin{vmatrix}2&1&2&1\\3&0&1&1\\-1&2&-2&1\\0&1&2&1\end{vmatrix}=4\begin{vmatrix}0&1&1\\2&-2&1\\1&2&1\end{vmatrix}=4\begin{vmatrix}0&1&1\\3&0&2\\1&0&-1\end{vmatrix}=20.$

2. $$\boldsymbol{X}=\begin{pmatrix}1&2&3\\0&0&-1\\1&-1&1\end{pmatrix}+\begin{pmatrix}2&3&0\\1&0&-1\\2&-1&1\end{pmatrix}-4\begin{pmatrix}2&1&1\\3&0&1\\0&-1&1\end{pmatrix}$$
$$=\begin{pmatrix}3&5&3\\1&0&-2\\3&-2&2\end{pmatrix}-\begin{pmatrix}8&4&4\\12&0&4\\0&-4&4\end{pmatrix}=\begin{pmatrix}-5&1&-1\\-11&0&-6\\3&2&-2\end{pmatrix}.$$

3. 令 $\boldsymbol{A}=\begin{pmatrix}\boldsymbol{0}&\boldsymbol{A}_1\\\boldsymbol{A}_2&\boldsymbol{0}\end{pmatrix},\boldsymbol{A}_1=\begin{pmatrix}1&2\\2&0\end{pmatrix},\boldsymbol{A}_2=\begin{pmatrix}2&1\\1&3\end{pmatrix}$,

因为 $\boldsymbol{A}_1^{-1}=\begin{pmatrix}0&\frac{1}{2}\\\frac{1}{2}&-\frac{1}{4}\end{pmatrix},\boldsymbol{A}_2^{-1}=\begin{pmatrix}\frac{3}{5}&-\frac{1}{5}\\-\frac{1}{5}&\frac{2}{5}\end{pmatrix}$,可得

$$\boldsymbol{A}^{-1}=\begin{pmatrix}\boldsymbol{0}&\boldsymbol{A}_2^{-1}\\\boldsymbol{A}_1^{-1}&\boldsymbol{0}\end{pmatrix}=\begin{pmatrix}0&0&\frac{3}{5}&-\frac{1}{5}\\0&0&-\frac{1}{5}&\frac{2}{5}\\0&\frac{1}{2}&0&0\\\frac{1}{2}&-\frac{1}{4}&0&0\end{pmatrix}.$$

4. 因为 $\boldsymbol{B}=\begin{pmatrix}1&2&1&1&2\\2&5&1&4&5\\0&1&-1&2&1\\1&3&0&3&3\end{pmatrix}\sim\begin{pmatrix}1&0&3&-3&0\\0&1&-1&2&1\\0&0&0&0&0\\0&0&0&0&0\end{pmatrix}$,由此可知 $\mathrm{R}(\boldsymbol{A})=\mathrm{R}(\boldsymbol{B})=2<4$,线性方程组有无穷多个解,同解方程组为 $\begin{cases}x_1=-3x_3+3x_4,\\x_2=x_3-2x_4+1,\end{cases}$ x_3,x_4 为自由未知量,则原方程组的通解为 $\begin{pmatrix}x_1\\x_2\\x_3\\x_4\end{pmatrix}=k_1\begin{pmatrix}-3\\1\\1\\0\end{pmatrix}+k_2\begin{pmatrix}3\\-2\\0\\1\end{pmatrix}+\begin{pmatrix}0\\1\\0\\0\end{pmatrix}$,$k_1,k_2$ 为任意常数.

5. 矩阵 $\boldsymbol{A}$ 的特征多项式为

$$|\boldsymbol{A}-\lambda\boldsymbol{E}|=\begin{vmatrix}2-\lambda&-3&1\\1&-2-\lambda&1\\1&-3&2-\lambda\end{vmatrix}=(\lambda-1)\begin{vmatrix}2-\lambda&-3&-2\\1&-2-\lambda&-1-\lambda\\0&1&0\end{vmatrix}$$

$$=(\lambda-1)\begin{vmatrix}2-\lambda & 2\\ 1 & 1+\lambda\end{vmatrix}=-\lambda(\lambda-1)^2,$$

可得矩阵 $\boldsymbol{A}$ 的特征值为 0,1(二重).

当特征值为 0 时,有 $\boldsymbol{A}=\begin{pmatrix}2&-3&1\\1&-2&1\\1&-3&2\end{pmatrix}\sim\begin{pmatrix}1&0&-1\\0&1&-1\\0&0&0\end{pmatrix}$,所以可得 $\begin{cases}x_1-x_3=0,\\x_2-x_3=0,\end{cases}$ 即 $\begin{cases}x_1=x_3,\\x_2=x_3.\end{cases}$ 特征向量为 $\boldsymbol{\xi}=k\begin{pmatrix}1\\1\\1\end{pmatrix}$,其中 k 是不为零的任意常数.

当特征值为 1 时,有 $\boldsymbol{A}-\boldsymbol{E}=\begin{pmatrix}1&-3&1\\1&-3&1\\1&-3&1\end{pmatrix}\sim\begin{pmatrix}1&-3&1\\0&0&0\\0&0&0\end{pmatrix}$,所以可得 $x_1-3x_2+x_3=0$,即 $x_1=3x_2-x_3$.

特征向量为 $\boldsymbol{\xi}=k_1\begin{pmatrix}3\\1\\0\end{pmatrix}+k_2\begin{pmatrix}-1\\0\\1\end{pmatrix}$,其中 k_1,k_2 是不全为零的任意常数.

四、综合题

1. 设有一组数 x_1,x_2,x_3 使 $x_1(2\boldsymbol{\alpha}_1+\boldsymbol{\alpha}_2)+x_2(\boldsymbol{\alpha}_2+\boldsymbol{\alpha}_3)+x_3(4\boldsymbol{\alpha}_3+3\boldsymbol{\alpha}_1)=\boldsymbol{0}$,因为向量组 $\boldsymbol{\alpha}_1,\boldsymbol{\alpha}_2,\boldsymbol{\alpha}_3$ 线性无关,所以有 $\begin{cases}2x_1+3x_3=0,\\x_1+x_2=0,\\x_2+4x_3=0,\end{cases}$ 此齐次线性方程组的系数行列式 $\begin{vmatrix}2&0&3\\1&1&0\\0&1&4\end{vmatrix}=11\neq0$,故方程组只有零解 $\begin{cases}x_1=0,\\x_2=0,\\x_3=0,\end{cases}$ 所以向量组 $2\boldsymbol{\alpha}_1+\boldsymbol{\alpha}_2,\boldsymbol{\alpha}_2+\boldsymbol{\alpha}_3,4\boldsymbol{\alpha}_3+3\boldsymbol{\alpha}_1$ 线性无关.

2. 因为 $\boldsymbol{A}$ 的伴随矩阵 $\boldsymbol{A}^*$ 有一个特征值 λ_0,所以 $\boldsymbol{A}^*\boldsymbol{\alpha}=\lambda_0\boldsymbol{\alpha}$,进而可得 $|\boldsymbol{A}|\boldsymbol{\alpha}=\boldsymbol{A}\boldsymbol{A}^*\boldsymbol{\alpha}=\boldsymbol{A}\lambda_0\boldsymbol{\alpha}=\lambda_0\boldsymbol{A}\boldsymbol{\alpha}$. 又因为 $|\boldsymbol{A}|=-1$ 且 $\boldsymbol{\alpha}=(-1,-1,1)^{\mathrm{T}}$,可得 $\boldsymbol{A}\boldsymbol{\alpha}=\dfrac{-1}{\lambda_0}\boldsymbol{\alpha}$,即

$$\begin{pmatrix}-a+1+c\\-5-b+3\\c-1-a\end{pmatrix}=\begin{pmatrix}\dfrac{1}{\lambda_0}\\\dfrac{1}{\lambda_0}\\\dfrac{-1}{\lambda_0}\end{pmatrix},$$

通过第一个及第三个方程可以求得 $c=a$,然后可得 $\lambda_0=1,b=-3$,

于是由 $|\boldsymbol{A}|=\begin{vmatrix}a&-1&a\\5&-3&3\\1-a&0&-a\end{vmatrix}=-1$,可求得 $a=2$,因此 $a=2,b=-3,c=2,\lambda_0=1$.

提高训练

一、选择题

1. 设$\boldsymbol{\alpha}_1=\begin{pmatrix}0\\0\\c_1\end{pmatrix}$,$\boldsymbol{\alpha}_2=\begin{pmatrix}0\\1\\c_2\end{pmatrix}$,$\boldsymbol{\alpha}_3=\begin{pmatrix}1\\-1\\c_3\end{pmatrix}$,$\boldsymbol{\alpha}_4=\begin{pmatrix}-1\\1\\c_4\end{pmatrix}$,其中$c_1,c_2,c_3,c_4$为任意常数,则下列向量组线性相关的是(　　).

A. $\boldsymbol{\alpha}_1,\boldsymbol{\alpha}_2,\boldsymbol{\alpha}_3$　　B. $\boldsymbol{\alpha}_1,\boldsymbol{\alpha}_2,\boldsymbol{\alpha}_4$　　C. $\boldsymbol{\alpha}_1,\boldsymbol{\alpha}_3,\boldsymbol{\alpha}_4$　　D. $\boldsymbol{\alpha}_2,\boldsymbol{\alpha}_3,\boldsymbol{\alpha}_4$

2. 设$\boldsymbol{A}$为三阶矩阵,$\boldsymbol{P}$为三阶可逆矩阵,且$\boldsymbol{P}^{-1}\boldsymbol{AP}=\begin{pmatrix}1&&\\&1&\\&&2\end{pmatrix}$,$\boldsymbol{P}=(\boldsymbol{\alpha}_1,\boldsymbol{\alpha}_2,\boldsymbol{\alpha}_3)$,$\boldsymbol{Q}=(\boldsymbol{\alpha}_1+\boldsymbol{\alpha}_2,\boldsymbol{\alpha}_2,\boldsymbol{\alpha}_3)$,则$\boldsymbol{Q}^{-1}\boldsymbol{AQ}=$(　　).

A. $\begin{pmatrix}1&&\\&2&\\&&1\end{pmatrix}$　　B. $\begin{pmatrix}1&&\\&1&\\&&2\end{pmatrix}$　　C. $\begin{pmatrix}2&&\\&1&\\&&2\end{pmatrix}$　　D. $\begin{pmatrix}2&&\\&2&\\&&1\end{pmatrix}$

3. 设$\boldsymbol{A},\boldsymbol{B},\boldsymbol{C}$均为$n$阶矩阵,若$\boldsymbol{AB}=\boldsymbol{C}$,且$\boldsymbol{B}$可逆,则(　　).

A. 矩阵$\boldsymbol{C}$的行向量组与矩阵$\boldsymbol{A}$的行向量组等价

B. 矩阵$\boldsymbol{C}$的列向量组与矩阵$\boldsymbol{A}$的列向量组等价

C. 矩阵$\boldsymbol{C}$的行向量组与矩阵$\boldsymbol{B}$的行向量组等价

D. 矩阵$\boldsymbol{C}$的列向量组与矩阵$\boldsymbol{B}$的列向量组等价

4. 矩阵$\begin{pmatrix}1&a&1\\a&b&a\\1&a&1\end{pmatrix}$与$\begin{pmatrix}2&0&0\\0&b&0\\0&0&0\end{pmatrix}$相似的充要条件为(　　).

A. $a=0,b=2$　　B. $a=0$,b为任意常数

C. $a=2,b=0$　　D. $a=2$,b为任意常数

5. 行列式$\begin{vmatrix}0&a&b&0\\a&0&0&b\\0&c&d&0\\c&0&0&d\end{vmatrix}$等于(　　).

A. $(ad-bc)^2$　　B. $-(ad-bc)^2$

C. $a^2d^2-b^2c^2$　　D. $-a^2d^2+b^2c^2$

6. 设$\boldsymbol{\alpha}_1,\boldsymbol{\alpha}_2,\boldsymbol{\alpha}_3$是三维向量,则对任意的常数$k,l$,向量$\boldsymbol{\alpha}_1+k\boldsymbol{\alpha}_3,\boldsymbol{\alpha}_2+l\boldsymbol{\alpha}_3$线性无关是向量$\boldsymbol{\alpha}_1,\boldsymbol{\alpha}_2,\boldsymbol{\alpha}_3$线性无关的(　　).

A. 必要而非充分条件　　B. 充分而非必要条件

C. 充分必要条件　　D. 非充分非必要条件

7. 设矩阵 $\boldsymbol{A}=\begin{pmatrix}1 & 1 & 1\\1 & 2 & a\\1 & 4 & a^2\end{pmatrix}$，$\boldsymbol{b}=\begin{pmatrix}1\\d\\d^2\end{pmatrix}$，若集合 $\Omega=\{1,2\}$，则线性方程组 $\boldsymbol{Ax}=\boldsymbol{b}$ 有无穷多解的充分必要条件为(   ).

A. $a\notin\Omega, d\notin\Omega$　　B. $a\notin\Omega, d\in\Omega$

C. $a\in\Omega, d\notin\Omega$　　D. $a\in\Omega, d\in\Omega$

8. 设二次型 $f(x_1,x_2,x_3)$ 在正交变换 $\boldsymbol{x}=\boldsymbol{Py}$ 下的标准形为 $2y_1^2+y_2^2-y_3^2$，其中 $\boldsymbol{P}=(\boldsymbol{e}_1,\boldsymbol{e}_2,\boldsymbol{e}_3)$，若 $\boldsymbol{Q}=(\boldsymbol{e}_1,-\boldsymbol{e}_3,\boldsymbol{e}_2)$，则 $f(x_1,x_2,x_3)$ 在正交变换 $\boldsymbol{x}=\boldsymbol{Qy}$ 下的标准形为(   ).

A. $2y_1^2-y_2^2+y_3^2$　　B. $2y_1^2+y_2^2-y_3^2$

C. $2y_1^2-y_2^2-y_3^2$　　D. $2y_1^2+y_2^2+y_3^2$

二、填空题

1. 设 $\boldsymbol{x}$ 为三维单位向量，$\boldsymbol{E}$ 为三阶单位矩阵，则矩阵 $\boldsymbol{E}-\boldsymbol{xx}^{\mathrm{T}}$ 的秩为________.

2. 设 $\boldsymbol{A}=(a_{ij})$ 是三阶非零矩阵，$|\boldsymbol{A}|$ 为 $\boldsymbol{A}$ 的行列式，A_{ij} 为 a_{ij} 的代数余子式，若 $a_{ij}+A_{ij}=0(i,j=1,2,3)$，则 $|\boldsymbol{A}|=$________.

3. 设二次型 $f(x_1,x_2,x_3)=x_1^2-x_2^2+2ax_1x_3+4x_2x_3$ 的负惯性指数是 1，则 a 的取值范围是________.

4. n 阶行列式 $\begin{vmatrix}2 & 0 & \cdots & 0 & 2\\-1 & 2 & \cdots & 0 & 2\\\vdots & \vdots & \ddots & \vdots & \vdots\\0 & 0 & \cdots & 2 & 2\\0 & 0 & \cdots & -1 & 2\end{vmatrix}=$________.

三、计算题

1. 设 $\boldsymbol{A}=\begin{pmatrix}1 & a & 0 & 0\\0 & 1 & a & 0\\0 & 0 & 1 & a\\a & 0 & 0 & 1\end{pmatrix}$，$\boldsymbol{b}=\begin{pmatrix}1\\-1\\0\\0\end{pmatrix}$. (1) 求 $|\boldsymbol{A}|$；(2)已知线性方程组 $\boldsymbol{Ax}=\boldsymbol{b}$ 有无穷多解，求 a，并求 $\boldsymbol{Ax}=\boldsymbol{b}$ 的通解.

2. 三阶矩阵 $\boldsymbol{A}=\begin{pmatrix} 1 & 0 & 1 \\ 0 & 1 & 1 \\ -1 & 0 & a \\ 0 & a & -1 \end{pmatrix}$，$\boldsymbol{A}^{\mathrm{T}}$ 为矩阵 $\boldsymbol{A}$ 的转置矩阵，已知 $\mathrm{R}(\boldsymbol{A}^{\mathrm{T}}\boldsymbol{A})=2$，且二次型 $f=\boldsymbol{x}^{\mathrm{T}}\boldsymbol{A}^{\mathrm{T}}\boldsymbol{A}\boldsymbol{x}$. (1)求 $\boldsymbol{a}$；(2)求二次型对应的矩阵，并将二次型化为标准形，写出正交变换过程。

3. 设 $\boldsymbol{A}=\begin{pmatrix}1 & a\\1 & 0\end{pmatrix}$,$\boldsymbol{B}=\begin{pmatrix}0 & 1\\1 & b\end{pmatrix}$,当 a,b 为何值时,存在矩阵 $\boldsymbol{C}$ 使得 $\boldsymbol{AC}-\boldsymbol{CA}=\boldsymbol{B}$? 并求所有矩阵 $\boldsymbol{C}$.

4. 设 $\boldsymbol{A}=\begin{pmatrix}1 & -2 & 3 & -4\\ 0 & 1 & -1 & 1\\ 1 & 2 & 0 & -3\end{pmatrix}$，$\boldsymbol{E}$ 为三阶单位矩阵.

(1) 求线性方程组 $\boldsymbol{Ax}=\boldsymbol{0}$ 的一个基础解系；(2) 求满足 $\boldsymbol{AB}=\boldsymbol{E}$ 的所有矩阵.

5. 设矩阵 $\boldsymbol{A}=\begin{pmatrix}0 & 2 & -3\\ -1 & 3 & -3\\ 1 & -2 & a\end{pmatrix}$ 相似于矩阵 $\boldsymbol{B}=\begin{pmatrix}1 & -2 & 0\\ 0 & b & 0\\ 0 & 3 & 1\end{pmatrix}$.

（Ⅰ）求 a,b 的值；（Ⅱ）求可逆矩阵 $\boldsymbol{P}$，使 $\boldsymbol{P}^{-1}\boldsymbol{A}\boldsymbol{P}$ 为对角矩阵.

四、证明题

1. 设二次型 $f(x_1,x_2,x_3)=2(a_1x_1+a_2x_2+a_3x_3)^2+(b_1x_1+b_2x_2+b_3x_3)^2$，记 $\boldsymbol{\alpha}=\begin{pmatrix}a_1\\a_2\\a_3\end{pmatrix}$，$\boldsymbol{\beta}=\begin{pmatrix}b_1\\b_2\\b_3\end{pmatrix}$.

（Ⅰ）证明二次型 f 对应的矩阵为 $2\boldsymbol{\alpha}\boldsymbol{\alpha}^{\mathrm{T}}+\boldsymbol{\beta}\boldsymbol{\beta}^{\mathrm{T}}$；

（Ⅱ）若 $\boldsymbol{\alpha}$，$\boldsymbol{\beta}$ 正交且为单位向量，证明 f 在正交变换下的标准形为 $2y_1^2+y_2^2$.

2. 证明 n 阶矩阵 $\begin{pmatrix} 1 & 1 & \cdots & 1 \\ 1 & 1 & \cdots & 1 \\ \vdots & \vdots & & \vdots \\ 1 & 1 & \cdots & 1 \end{pmatrix}$ 与 $\begin{pmatrix} 0 & \cdots & 0 & 1 \\ 0 & \cdots & 0 & 2 \\ \vdots & & \vdots & \vdots \\ 0 & \cdots & 0 & n \end{pmatrix}$ 相似.

3. 设向量组$\boldsymbol{\alpha}_1,\boldsymbol{\alpha}_2,\boldsymbol{\alpha}_3$为$\mathbb{R}^3$的一个基，$\boldsymbol{\beta}_1=2\boldsymbol{\alpha}_1+2k\boldsymbol{\alpha}_3$，$\boldsymbol{\beta}_2=2\boldsymbol{\alpha}_2$，$\boldsymbol{\beta}_3=\boldsymbol{\alpha}_1+(k+1)\boldsymbol{\alpha}_3$.

（Ⅰ）证明向量组$\boldsymbol{\beta}_1,\boldsymbol{\beta}_2,\boldsymbol{\beta}_3$为$\mathbb{R}^3$的一个基；

（Ⅱ）当k为何值时，存在非零向量$\boldsymbol{\xi}$在基$\boldsymbol{\alpha}_1,\boldsymbol{\alpha}_2,\boldsymbol{\alpha}_3$与基$\boldsymbol{\beta}_1,\boldsymbol{\beta}_2,\boldsymbol{\beta}_3$下的坐标相同，并求所有的$\boldsymbol{\xi}$.

提高训练答案及解析

一、选择题

1. C.

$$|\boldsymbol{\alpha}_1,\boldsymbol{\alpha}_3,\boldsymbol{\alpha}_4|=\begin{vmatrix}0&1&-1\\0&-1&1\\c_1&c_3&c_4\end{vmatrix}=c_1\begin{vmatrix}1&-1\\-1&1\end{vmatrix}=0$$，故$\boldsymbol{\alpha}_1,\boldsymbol{\alpha}_3,\boldsymbol{\alpha}_4$线性相关，可得答案为 C.

2. B.

$$\boldsymbol{Q}=\boldsymbol{P}\begin{pmatrix}1&0&0\\1&1&0\\0&0&1\end{pmatrix}\Rightarrow\boldsymbol{Q}^{-1}=\begin{pmatrix}1&0&0\\-1&1&0\\0&0&1\end{pmatrix}\boldsymbol{P}^{-1}$$，可得

$$\boldsymbol{Q}^{-1}\boldsymbol{A}\boldsymbol{Q}=\begin{pmatrix}1&0&0\\-1&1&0\\0&0&1\end{pmatrix}\boldsymbol{P}^{-1}\boldsymbol{A}\boldsymbol{P}\begin{pmatrix}1&0&0\\1&1&0\\0&0&1\end{pmatrix},$$

$$\boldsymbol{Q}^{-1}\boldsymbol{A}\boldsymbol{Q}=\begin{pmatrix}1&0&0\\-1&1&0\\0&0&1\end{pmatrix}\begin{pmatrix}1&&\\&1&\\&&2\end{pmatrix}\begin{pmatrix}1&0&0\\1&1&0\\0&0&1\end{pmatrix}=\begin{pmatrix}1&&\\-1&1&\\&&2\end{pmatrix}\begin{pmatrix}1&0&0\\1&1&0\\0&0&1\end{pmatrix}=\begin{pmatrix}1&&\\&1&\\&&2\end{pmatrix},$$

故答案为 B.

3. B.

将 $\boldsymbol{A},\boldsymbol{C}$ 按列分块，得 $\boldsymbol{A}=(\boldsymbol{\alpha}_1,\boldsymbol{\alpha}_2,\cdots,\boldsymbol{\alpha}_n)$，$\boldsymbol{C}=(\boldsymbol{\gamma}_1,\boldsymbol{\gamma}_2,\cdots,\boldsymbol{\gamma}_n)$. 由于 $\boldsymbol{AB}=\boldsymbol{C}$，故

$$(\boldsymbol{\alpha}_1,\boldsymbol{\alpha}_2,\cdots,\boldsymbol{\alpha}_n)\begin{pmatrix}b_{11}&\cdots&b_{1n}\\\vdots&&\vdots\\b_{n1}&\cdots&b_{nn}\end{pmatrix}=(\boldsymbol{\gamma}_1,\boldsymbol{\gamma}_2,\cdots,\boldsymbol{\gamma}_n)$$

即$\boldsymbol{\gamma}_1=b_{11}\boldsymbol{\alpha}_1+\cdots+b_{n1}\boldsymbol{\alpha}_n,\cdots,\boldsymbol{\gamma}_n=b_{1n}\boldsymbol{\alpha}_1+\cdots+b_{nn}\boldsymbol{\alpha}_n$，即 $\boldsymbol{C}$ 的列向量组可由 $\boldsymbol{A}$ 的列向量组线性表示.

由于 $\boldsymbol{B}$ 可逆，故 $\boldsymbol{A}=\boldsymbol{C}\boldsymbol{B}^{-1}$，$\boldsymbol{A}$ 的列向量组可由 $\boldsymbol{C}$ 的列向量组线性表示，故选 B.

4. B.

题中所给矩阵都是实对称的，它们相似的充要条件是有相同的特征值.

由 2 是$\begin{pmatrix}1&a&1\\a&b&a\\1&a&1\end{pmatrix}$的特征值，知$\begin{vmatrix}1&-a&-1\\-a&2-b&-a\\-1&-a&1\end{vmatrix}=0$，解得 $4a^2=0$，即 $a=0$.

而当 $a=0$ 时，$\begin{pmatrix}1&0&1\\0&b&0\\1&0&1\end{pmatrix}$的特征值是 $2,b,0$，此时两矩阵相似（与 b 无关）.

5. B.

$$\begin{vmatrix} 0 & a & b & 0 \\ a & 0 & 0 & b \\ 0 & c & d & 0 \\ c & 0 & 0 & d \end{vmatrix} = -a\begin{vmatrix} a & 0 & b \\ 0 & d & 0 \\ c & 0 & d \end{vmatrix} + b\begin{vmatrix} a & 0 & b \\ 0 & c & 0 \\ c & 0 & d \end{vmatrix} = -ad\begin{vmatrix} a & b \\ c & d \end{vmatrix} + bc\begin{vmatrix} a & b \\ c & d \end{vmatrix}$$

$$= -ad(ad-bc)+bc(ad-bc) = -(ad-bc)^2.$$

应该选 B.

6. A.

若向量$\boldsymbol{\alpha}_1,\boldsymbol{\alpha}_2,\boldsymbol{\alpha}_3$ 线性无关，则$(\boldsymbol{\alpha}_1+k\boldsymbol{\alpha}_3,\boldsymbol{\alpha}_2+l\boldsymbol{\alpha}_3)=(\boldsymbol{\alpha}_1,\boldsymbol{\alpha}_2,\boldsymbol{\alpha}_3)\begin{pmatrix} 1 & 0 \\ 0 & 1 \\ k & l \end{pmatrix}=(\boldsymbol{\alpha}_1,\boldsymbol{\alpha}_2,\boldsymbol{\alpha}_3)\boldsymbol{K}$，对任意的常数 k,l，矩阵 $\boldsymbol{K}$ 的秩都等于 2，所以向量$\boldsymbol{\alpha}_1+k\boldsymbol{\alpha}_3,\boldsymbol{\alpha}_2+l\boldsymbol{\alpha}_3$ 一定线性无关.

而当$\boldsymbol{\alpha}_1=\begin{pmatrix} 1 \\ 0 \\ 0 \end{pmatrix},\boldsymbol{\alpha}_2=\begin{pmatrix} 0 \\ 1 \\ 0 \end{pmatrix},\boldsymbol{\alpha}_3=\begin{pmatrix} 0 \\ 0 \\ 0 \end{pmatrix}$时，对任意的常数 k,l，向量$\boldsymbol{\alpha}_1+k\boldsymbol{\alpha}_3,\boldsymbol{\alpha}_2+l\boldsymbol{\alpha}_3$ 线性无关，但$\boldsymbol{\alpha}_1,\boldsymbol{\alpha}_2,\boldsymbol{\alpha}_3$ 线性相关；故选择 A.

7. D.

$$(\boldsymbol{A},\boldsymbol{b})=\begin{pmatrix} 1 & 1 & 1 & 1 \\ 1 & 2 & a & d \\ 1 & 4 & a^2 & d^2 \end{pmatrix} \to \begin{pmatrix} 1 & 1 & 1 & 1 \\ 0 & 1 & a-1 & d-1 \\ 0 & 0 & (a-1)(a-2) & (d-1)(d-2) \end{pmatrix},$$

由 $\mathrm{R}(\boldsymbol{A})=\mathrm{R}(\boldsymbol{A},\boldsymbol{b})<3$，故 $a=1$ 或 $a=2$，同时 $d=1$ 或 $d=2$. 故选 D.

8. A.

由 $\boldsymbol{x}=\boldsymbol{P}\boldsymbol{y}$，故 $f=\boldsymbol{x}^{\mathrm{T}}\boldsymbol{A}\boldsymbol{x}=\boldsymbol{y}^{\mathrm{T}}(\boldsymbol{P}^{\mathrm{T}}\boldsymbol{A}\boldsymbol{P})\boldsymbol{y}=2y_1^2+y_2^2-y_3^2$，即

$$\boldsymbol{P}^{\mathrm{T}}\boldsymbol{A}\boldsymbol{P}=\begin{pmatrix} 2 & 0 & 0 \\ 0 & 1 & 0 \\ 0 & 0 & -1 \end{pmatrix}.$$

由已知可得：$\boldsymbol{Q}=\boldsymbol{P}\begin{pmatrix} 1 & 0 & 0 \\ 0 & 0 & 1 \\ 0 & -1 & 0 \end{pmatrix}=\boldsymbol{P}\boldsymbol{C}$，故有 $\boldsymbol{Q}^{\mathrm{T}}\boldsymbol{A}\boldsymbol{Q}=\boldsymbol{C}^{\mathrm{T}}(\boldsymbol{P}^{\mathrm{T}}\boldsymbol{A}\boldsymbol{P})\boldsymbol{C}=\begin{pmatrix} 2 & 0 & 0 \\ 0 & -1 & 0 \\ 0 & 0 & 1 \end{pmatrix}$.

所以 $f=\boldsymbol{x}^{\mathrm{T}}\boldsymbol{A}\boldsymbol{x}=\boldsymbol{y}^{\mathrm{T}}(\boldsymbol{Q}^{\mathrm{T}}\boldsymbol{A}\boldsymbol{Q})\boldsymbol{y}=2y_1^2-y_2^2+y_3^2$. 选 A.

二、填空题

1. 2.

因为 $\boldsymbol{x}$ 为三维单位向量，则 $\mathrm{R}(\boldsymbol{x}\boldsymbol{x}^{\mathrm{T}})=1$，且$(\boldsymbol{x}\boldsymbol{x}^{\mathrm{T}})\boldsymbol{x}=\boldsymbol{x}(\boldsymbol{x}^{\mathrm{T}}\boldsymbol{x})=\boldsymbol{x}$，可得 $\boldsymbol{x}\boldsymbol{x}^{\mathrm{T}}$ 的特征值为 0,0,1，故 $\boldsymbol{E}-\boldsymbol{x}\boldsymbol{x}^{\mathrm{T}}$ 的特征值为 1,1,0，且 $\boldsymbol{E}-\boldsymbol{x}\boldsymbol{x}^{\mathrm{T}}$ 为实对称矩阵，必可对角化，其秩等于非零特征值的个数.

2. -1.

方法一　取矩阵 $\boldsymbol{A}=\begin{pmatrix} 1 & 0 & 0 \\ 0 & -1 & 0 \\ 0 & 0 & 1 \end{pmatrix}$，满足题设条件，且$|\boldsymbol{A}|=-1$.

方法二 $\boldsymbol{A}^*=-\boldsymbol{A}^{\mathrm{T}}$,则$|\boldsymbol{A}^*|=|-\boldsymbol{A}^{\mathrm{T}}|$,整理得到$|\boldsymbol{A}|^{3-1}=(-1)^3|\boldsymbol{A}|$,即$|\boldsymbol{A}|=-1$或者$|\boldsymbol{A}|=0$.

而$|\boldsymbol{A}|=a_{i1}A_{i1}+a_{i2}A_{i2}+a_{i3}A_{i3}=-(a_{i1}^2+a_{i2}^2+a_{i3}^2)\leqslant 0$,又因为$\boldsymbol{A}\neq\boldsymbol{0}$,所以至少有一个$a_{ij}\neq 0$,所以$|\boldsymbol{A}|=a_{i1}A_{i1}+a_{i2}A_{i2}+a_{i3}A_{i3}=-(a_{i1}^2+a_{i2}^2+a_{i3}^2)<0$,从而$|\boldsymbol{A}|=-1$.

3. $[-2,2]$.

由配方法可知

$$\begin{aligned}f(x_1,x_2,x_3)&=x_1^2-x_2^2+2ax_1x_3+4x_2x_3\\&=(x_1+ax_3)^2-(x_2-2x_3)^2+(4-a^2)x_3^2.\end{aligned}$$

由于负惯性指数为1,故必须要求$4-a^2\geqslant 0$,所以a的取值范围是$[-2,2]$.

4. $2^{n+1}-2$.

按第一行展开得

$$D_n=\begin{vmatrix}2&0&\cdots&0&2\\-1&2&\cdots&0&2\\\vdots&\vdots&\ddots&\vdots&\vdots\\0&0&\cdots&2&2\\0&0&\cdots&-1&2\end{vmatrix}=2D_{n-1}+(-1)^{n+1}2(-1)^{n-1}=2D_{n-1}+2$$

$$=2(2D_{n-2}+2)+2=2^2D_{n-2}+2^2+2=2^n+2^{n-1}+\cdots+2=2^{n+1}-2.$$

三、计算题

1. (1) $|\boldsymbol{A}|=\begin{vmatrix}1&a&0&0\\0&1&a&0\\0&0&1&a\\a&0&0&1\end{vmatrix}=1\cdot\begin{vmatrix}1&a&0\\0&1&a\\0&0&1\end{vmatrix}-a\begin{vmatrix}a&0&0\\1&a&0\\0&1&a\end{vmatrix}=1-a^4.$

(2) $(\boldsymbol{A},\boldsymbol{b})=\left(\begin{array}{cccc:c}1&a&0&0&1\\0&1&a&0&-1\\0&0&1&a&0\\a&0&0&1&0\end{array}\right)\sim\left(\begin{array}{cccc:c}1&a&0&0&1\\0&1&a&0&-1\\0&0&1&a&0\\0&-a^2&0&1&-a\end{array}\right)\sim$

$\left(\begin{array}{cccc:c}1&a&0&0&1\\0&1&a&0&-1\\0&0&1&a&0\\0&0&a^3&1&-a-a^2\end{array}\right)\sim\left(\begin{array}{cccc:c}1&a&0&0&1\\0&1&a&0&-1\\0&0&1&a&0\\0&0&0&1-a^4&-a-a^2\end{array}\right).$

要使线性方程组$\boldsymbol{Ax}=\boldsymbol{b}$有无穷多解,则必有$1-a^4=0$,$-a-a^2=0$解得$a=-1$. 这时

$$(\boldsymbol{A},\boldsymbol{b})\sim\left(\begin{array}{cccc:c}1&-1&0&0&1\\0&1&-1&0&-1\\0&0&1&-1&0\\0&0&0&0&0\end{array}\right)\sim\left(\begin{array}{cccc:c}1&-1&0&0&1\\0&1&0&-1&-1\\0&0&1&-1&0\\0&0&0&0&0\end{array}\right)\sim\left(\begin{array}{cccc:c}1&0&0&-1&0\\0&1&0&-1&-1\\0&0&1&-1&0\\0&0&0&0&0\end{array}\right),$$

可得$\boldsymbol{Ax}=\boldsymbol{b}$的同解方程组为$\begin{cases}x_1=x_4,\\x_2=x_4-1,\\x_3=x_4,\\x_4=x_4,\end{cases}$可得$\boldsymbol{Ax}=\boldsymbol{b}$的通解为$\boldsymbol{x}=k\begin{pmatrix}1\\1\\1\\1\end{pmatrix}+\begin{pmatrix}0\\-1\\0\\0\end{pmatrix}$,$k\in\mathbb{R}$.

2. (1) $\boldsymbol{A}=\begin{pmatrix}1&0&1\\0&1&1\\-1&0&a\\0&a&-1\end{pmatrix}$, $\boldsymbol{B}=\boldsymbol{A}^{\mathrm{T}}\boldsymbol{A}=\begin{pmatrix}1&0&-1&0\\0&1&0&a\\1&1&a&-1\end{pmatrix}\begin{pmatrix}1&0&1\\0&1&1\\-1&0&a\\0&a&-1\end{pmatrix}$

$$=\begin{pmatrix}2&0&1-a\\0&1+a^2&1-a\\1-a&1-a&3+a^2\end{pmatrix}.$$

由 $R(\boldsymbol{A}^{\mathrm{T}}\boldsymbol{A})=2$ 得

$$0=|\boldsymbol{B}|=|\boldsymbol{A}^{\mathrm{T}}\boldsymbol{A}|=\begin{vmatrix}2&0&1-a\\0&1+a^2&1-a\\1-a&1-a&3+a^2\end{vmatrix}$$

$$=2\begin{vmatrix}1+a^2&1-a\\1-a&3+a^2\end{vmatrix}+(1-a)\begin{vmatrix}0&1-a\\1+a^2&1-a\end{vmatrix}$$

$$=2[(1+a^2)(3+a^2)-(1-a)^2]-(1-a)^2(1+a^2)$$

$$=2(a^4+3a^2+2a+2)-(a^2-2a+1)(1+a^2)$$

$$=a^4+2a^3+4a^2+6a+3$$

$$=a^2(a^2+2a+1)+3(a^2+2a+1)=(a^2+3)(a+1)^2,$$

解得 $a=-1$.

(2) 当 $a=-1$ 时, $\boldsymbol{B}=\boldsymbol{A}^{\mathrm{T}}\boldsymbol{A}=\begin{pmatrix}2&0&2\\0&2&2\\2&2&4\end{pmatrix}$, 则

$$|\boldsymbol{B}-\lambda\boldsymbol{E}|=\begin{vmatrix}2-\lambda&0&2\\0&2-\lambda&2\\2&2&4-\lambda\end{vmatrix}=\begin{vmatrix}-\lambda&-2&\lambda-2\\0&2-\lambda&2\\2&2&4-\lambda\end{vmatrix}$$

$$=\begin{vmatrix}-\lambda&-\lambda&\lambda\\0&2-\lambda&2\\2&2&4-\lambda\end{vmatrix}=-\lambda\begin{vmatrix}1&1&-1\\0&2-\lambda&2\\2&2&4-\lambda\end{vmatrix}$$

$$=-\lambda\begin{vmatrix}1&1&-1\\0&2-\lambda&2\\0&0&6-\lambda\end{vmatrix}=-\lambda(2-\lambda)(6-\lambda)=0,$$

解得 $\lambda_1=0,\lambda_2=2,\lambda_3=6$.

① 当 $\lambda_1=0$ 时, $\boldsymbol{B}-\lambda_1\boldsymbol{E}=\boldsymbol{B}=\begin{pmatrix}2&0&2\\0&2&2\\2&2&4\end{pmatrix}\sim\begin{pmatrix}1&0&1\\0&1&1\\1&1&2\end{pmatrix}\sim\begin{pmatrix}1&0&1\\0&1&1\\0&1&1\end{pmatrix}\sim\begin{pmatrix}1&0&1\\0&1&1\\0&0&0\end{pmatrix}$,

$\begin{cases}x_1=-x_3,\\x_2=-x_3,\\x_3=x_3\end{cases}$ 与 $\boldsymbol{Bx}=\boldsymbol{0}$ 同解, 可得特征值 $\lambda_1=0$ 所对应的特征向量为 $\boldsymbol{\alpha}_1=(1,1,-1)^{\mathrm{T}}$;

② 当 $\lambda_2=2$ 时，$\boldsymbol{B}-2\boldsymbol{E}=\begin{pmatrix}0&0&2\\0&0&2\\2&2&2\end{pmatrix}\sim\begin{pmatrix}1&1&1\\0&0&1\\0&0&1\end{pmatrix}\sim\begin{pmatrix}1&1&0\\0&0&1\\0&0&0\end{pmatrix}$，则 $\begin{cases}x_1=x_1,\\x_2=-x_1,\\x_3=0\end{cases}$ 与 $(\boldsymbol{B}-2\boldsymbol{E})\boldsymbol{x}=\boldsymbol{0}$ 同解，可得特征值 $\lambda_2=2$ 所对应的特征向量为 $\boldsymbol{\alpha}_2=(1,-1,0)^{\mathrm{T}}$；

③ $\lambda_3=6$ 时，$\boldsymbol{B}-6\boldsymbol{E}=\begin{pmatrix}-4&0&2\\0&-4&2\\2&2&-2\end{pmatrix}\sim\begin{pmatrix}1&1&-1\\0&-2&1\\-2&0&1\end{pmatrix}\sim\begin{pmatrix}1&1&-1\\0&-2&1\\0&2&-1\end{pmatrix}\sim$
$\begin{pmatrix}1&1&-1\\0&-2&1\\0&0&0\end{pmatrix}\sim\begin{pmatrix}1&-1&0\\0&-2&1\\0&0&0\end{pmatrix}$，$\begin{cases}x_1=x_2,\\x_2=x_2,\\x_3=2x_2\end{cases}$ 与 $(\boldsymbol{B}-6\boldsymbol{E})\boldsymbol{x}=\boldsymbol{0}$ 同解，可得特征值 $\lambda_3=6$ 所对应的特征向量为 $\boldsymbol{\alpha}_3=(1,1,2)^{\mathrm{T}}$；

④ 令 $\boldsymbol{\eta}_1=\frac{1}{\sqrt{3}}\begin{pmatrix}1\\1\\-1\end{pmatrix}$，$\boldsymbol{\eta}_2=\frac{1}{\sqrt{2}}\begin{pmatrix}1\\-1\\0\end{pmatrix}$，$\boldsymbol{\eta}_3=\frac{1}{\sqrt{6}}\begin{pmatrix}1\\1\\2\end{pmatrix}$，$\boldsymbol{Q}=(\boldsymbol{\eta}_1,\boldsymbol{\eta}_2,\boldsymbol{\eta}_3)$，$\boldsymbol{x}=\boldsymbol{Q}\boldsymbol{y}$ 可得 $f=\boldsymbol{x}^{\mathrm{T}}\boldsymbol{A}^{\mathrm{T}}\boldsymbol{A}\boldsymbol{x}=\boldsymbol{y}^{\mathrm{T}}\boldsymbol{Q}^{\mathrm{T}}\boldsymbol{A}^{\mathrm{T}}\boldsymbol{A}\boldsymbol{Q}\boldsymbol{y}=2y_2^2+6y_3^2$.

3. 设 $\boldsymbol{C}=\begin{pmatrix}x_1&x_2\\x_3&x_4\end{pmatrix}$，由于 $\boldsymbol{AC}-\boldsymbol{CA}=\boldsymbol{B}$，故

$$\begin{pmatrix}1&a\\1&0\end{pmatrix}\begin{pmatrix}x_1&x_2\\x_3&x_4\end{pmatrix}-\begin{pmatrix}x_1&x_2\\x_3&x_4\end{pmatrix}\begin{pmatrix}1&a\\1&0\end{pmatrix}=\begin{pmatrix}0&1\\1&b\end{pmatrix},$$

即
$$\begin{pmatrix}x_1+ax_3&x_2+ax_4\\x_1&x_2\end{pmatrix}-\begin{pmatrix}x_1+x_2&ax_1\\x_3+x_4&ax_3\end{pmatrix}=\begin{pmatrix}0&1\\1&b\end{pmatrix}.$$

$$\begin{cases}-x_2+ax_3=0,\\-ax_1+x_2+ax_4=1,\\x_1-x_3-x_4=1,\\x_2-ax_3=b,\end{cases}\tag{Ⅰ}$$

由于矩阵 $\boldsymbol{C}$ 存在，故线性方程组（Ⅰ）有解. 对（Ⅰ）的增广矩阵进行初等行变换，有

$$\left(\begin{array}{cccc:c}0&-1&a&0&0\\-a&1&0&a&1\\1&0&-1&-1&1\\0&1&-a&0&b\end{array}\right)\to\left(\begin{array}{cccc:c}1&0&-1&-1&1\\0&1&-a&0&0\\0&1&-a&0&a+1\\0&0&0&0&b\end{array}\right)\to\left(\begin{array}{cccc:c}1&0&-1&-1&1\\0&1&-a&0&0\\0&0&0&0&a+1\\0&0&0&0&b\end{array}\right).$$

方程组有解，故 $a+1=0,b=0$，即 $a=-1,b=0$，此时存在矩阵 $\boldsymbol{C}$ 使得 $\boldsymbol{AC}-\boldsymbol{CA}=\boldsymbol{B}$.

当 $a=-1,b=0$ 时，增广矩阵变为 $\left(\begin{array}{cccc:c}1&0&-1&-1&1\\0&1&1&0&0\\0&0&0&0&0\\0&0&0&0&0\end{array}\right)$，故 x_3,x_4 为自由变量，令 $x_3=1,x_4=0$，代入相应的齐次方程组，得 $x_2=-1,x_1=1$；令 $x_3=0,x_4=1$，代入相应的齐

次方程组,得 $x_2=0,x_1=1$. 故$\boldsymbol{\xi}_1=(1,-1,1,0)^{\mathrm{T}}$,$\boldsymbol{\xi}_2=(1,0,0,1)^{\mathrm{T}}$. 令 $x_3=0,x_4=0$,得特解 $\boldsymbol{\eta}=(1,0,0,0)^{\mathrm{T}}$,方程组的通解为 $\boldsymbol{x}=k_1\boldsymbol{\xi}_1+k_2\boldsymbol{\xi}_2+\boldsymbol{\eta}=(k_1+k_2+1,-k_1,k_1,k_2)^{\mathrm{T}}$,所以 $\boldsymbol{C}=\begin{pmatrix}k_1+k_2+1 & -k_1\\ k_1 & k_2\end{pmatrix}$.

4.(1)对系数矩阵 $\boldsymbol{A}$ 进行初等行变换如下:

$$\boldsymbol{A}=\begin{pmatrix}1&-2&3&-4\\0&1&-1&1\\1&2&0&-3\end{pmatrix}\to\begin{pmatrix}1&-2&3&-4\\0&1&-1&1\\0&4&-3&1\end{pmatrix}\to$$

$$\begin{pmatrix}1&-2&3&-4\\0&1&-1&1\\0&0&1&-3\end{pmatrix}\to\begin{pmatrix}1&0&0&1\\0&1&0&-2\\0&0&1&-3\end{pmatrix},$$

得到方程组 $\boldsymbol{Ax}=\boldsymbol{0}$ 的同解方程组

$$\begin{cases}x_1=-x_4,\\x_2=2x_4,\\x_3=3x_4,\end{cases}$$

得到 $\boldsymbol{Ax}=\boldsymbol{0}$ 的一个基础解系$\boldsymbol{\xi}_1=\begin{pmatrix}-1\\2\\3\\1\end{pmatrix}$.

(2)显然矩阵 $\boldsymbol{B}$ 是一个 4×3 矩阵,设 $\boldsymbol{B}=\begin{pmatrix}x_1&y_1&z_1\\x_2&y_2&z_2\\x_3&y_3&z_3\\x_4&y_4&z_4\end{pmatrix}$,对矩阵$(\boldsymbol{A}\ \ \boldsymbol{E})$进行初等行变换如下:

$$(\boldsymbol{A}\ \ \boldsymbol{E})=\begin{pmatrix}1&-2&3&-4&1&0&0\\0&1&-1&1&0&1&0\\1&2&0&-3&0&0&1\end{pmatrix}\to\begin{pmatrix}1&-2&3&-4&1&0&0\\0&1&-1&1&0&1&0\\0&4&-3&1&-1&0&1\end{pmatrix}\to$$

$$\begin{pmatrix}1&-2&3&-4&1&0&0\\0&1&-1&1&0&1&0\\0&0&1&-3&-1&-4&1\end{pmatrix}\to\begin{pmatrix}1&0&0&1&2&6&-1\\0&1&0&-2&-1&-3&1\\0&0&1&-3&-1&-4&1\end{pmatrix}.$$

由方程组可得矩阵 $\boldsymbol{B}$ 对应的三列分别为

$$\begin{pmatrix}x_1\\x_2\\x_3\\x_4\end{pmatrix}=\begin{pmatrix}2\\-1\\-1\\0\end{pmatrix}+c_1\begin{pmatrix}-1\\2\\3\\1\end{pmatrix},\quad\begin{pmatrix}y_1\\y_2\\y_3\\y_4\end{pmatrix}=\begin{pmatrix}6\\-3\\-4\\0\end{pmatrix}+c_2\begin{pmatrix}-1\\2\\3\\1\end{pmatrix},\quad\begin{pmatrix}z_1\\z_2\\z_3\\z_4\end{pmatrix}=\begin{pmatrix}-1\\1\\1\\0\end{pmatrix}+c_3\begin{pmatrix}-1\\2\\3\\1\end{pmatrix},$$

即满足 $\boldsymbol{AB}=\boldsymbol{E}$ 的所有矩阵为 $\boldsymbol{B}=\begin{pmatrix}2-c_1 & 6-c_2 & -1-c_3\\ -1+2c_1 & -3+2c_2 & 1+2c_3\\ -1+3c_1 & -4+3c_2 & 1+3c_3\\ c_1 & c_2 & c_3\end{pmatrix}$，其中 c_1,c_2,c_3 为任意常数.

5. (Ⅰ) $\boldsymbol{A}\sim\boldsymbol{B}\Rightarrow \operatorname{tr}(\boldsymbol{A})=\operatorname{tr}(\boldsymbol{B})\Rightarrow 3+a=1+b+1$；

$$|\boldsymbol{A}|=|\boldsymbol{B}|\Rightarrow\begin{vmatrix}0 & 2 & -3\\ -1 & 3 & -3\\ 1 & -2 & a\end{vmatrix}=\begin{vmatrix}1 & -2 & 0\\ 0 & b & 0\\ 0 & 3 & 1\end{vmatrix}$$，即 $2a-3=b$.

由 $\begin{cases}a-b=-1,\\ 2a-b=3\end{cases}\Rightarrow\begin{cases}a=4,\\ b=5.\end{cases}$

(Ⅱ) $$\boldsymbol{A}=\begin{pmatrix}0 & 2 & -3\\ -1 & 3 & -3\\ 1 & -2 & 4\end{pmatrix}=\begin{pmatrix}1 & 0 & 0\\ 0 & 1 & 0\\ 0 & 0 & 1\end{pmatrix}+\begin{pmatrix}-1 & 2 & -3\\ -1 & 2 & -3\\ 1 & -2 & 3\end{pmatrix}=\boldsymbol{E}+\boldsymbol{C},$$

$$\boldsymbol{C}=\begin{pmatrix}-1 & 2 & -3\\ -1 & 2 & -3\\ 1 & -2 & 3\end{pmatrix}=\begin{pmatrix}-1\\ -1\\ 1\end{pmatrix}(1\quad -2\quad 3)$$，显然 $\boldsymbol{C}$ 的特征值为 $\lambda_1=\lambda_2=0,\lambda_3=4$.

$\boldsymbol{A}$ 的特征值为 $\lambda_{\boldsymbol{A}}=1+\lambda_{\boldsymbol{C}}$，即 1,1,5.

当 $\lambda=1$ 时，$(0\boldsymbol{E}-\boldsymbol{C})\boldsymbol{x}=\boldsymbol{0}$ 的基础解系为 $\boldsymbol{\xi}_1=(2,1,0)^{\mathrm{T}}$；$\boldsymbol{\xi}_2=(-3,0,1)^{\mathrm{T}}$；

当 $\lambda=5$ 时 $(4\boldsymbol{E}-\boldsymbol{C})\boldsymbol{x}=\boldsymbol{0}$ 的基础解系为 $\boldsymbol{\xi}_3=(-1,-1,1)^{\mathrm{T}}$.

令 $$\boldsymbol{P}=(\boldsymbol{\xi}_1,\boldsymbol{\xi}_2,\boldsymbol{\xi}_3)=\begin{pmatrix}2 & -3 & -1\\ 1 & 0 & -1\\ 0 & 1 & 1\end{pmatrix}$$，则 $$\boldsymbol{P}^{-1}\boldsymbol{AP}=\begin{pmatrix}1 & & \\ & 1 & \\ & & 5\end{pmatrix}.$$

四、证明题

1. (Ⅰ) $$\begin{aligned}f(x_1,x_2,x_3)&=2(a_1x_1+a_2x_2+a_3x_3)^2+(b_1x_1+b_2x_2+b_3x_3)^2\\ &=2(x_1,x_2,x_3)\begin{pmatrix}a_1\\ a_2\\ a_3\end{pmatrix}(a_1,a_2,a_3)\begin{pmatrix}x_1\\ x_2\\ x_3\end{pmatrix}+\\ &\quad(x_1,x_2,x_3)\begin{pmatrix}b_1\\ b_2\\ b_3\end{pmatrix}(b_1,b_2,b_3)\begin{pmatrix}x_1\\ x_2\\ x_3\end{pmatrix}\\ &=(x_1,x_2,x_3)(2\boldsymbol{\alpha\alpha}^{\mathrm{T}}+\boldsymbol{\beta\beta}^{\mathrm{T}})\begin{pmatrix}x_1\\ x_2\\ x_3\end{pmatrix}=\boldsymbol{x}^{\mathrm{T}}\boldsymbol{Ax},\end{aligned}$$

其中 $\boldsymbol{A}=2\boldsymbol{\alpha\alpha}^{\mathrm{T}}+\boldsymbol{\beta\beta}^{\mathrm{T}},\boldsymbol{x}=(x_1,x_2,x_3)^{\mathrm{T}}$. 所以二次型 f 对应的矩阵为 $2\boldsymbol{\alpha\alpha}^{\mathrm{T}}+\boldsymbol{\beta\beta}^{\mathrm{T}}$.

(Ⅱ) 由于 $\boldsymbol{A}=2\boldsymbol{\alpha\alpha}^{\mathrm{T}}+\boldsymbol{\beta\beta}^{\mathrm{T}}$，$\boldsymbol{\alpha}$ 与 $\boldsymbol{\beta}$ 正交，故 $\boldsymbol{\alpha}^{\mathrm{T}}\boldsymbol{\beta}=0$，$\boldsymbol{\alpha},\boldsymbol{\beta}$ 为单位向量，故 $\|\boldsymbol{\alpha}\|=\sqrt{\boldsymbol{\alpha}^{\mathrm{T}}\boldsymbol{\alpha}}=1$，即 $\boldsymbol{\alpha}^{\mathrm{T}}\boldsymbol{\alpha}=1$，同样 $\boldsymbol{\beta}^{\mathrm{T}}\boldsymbol{\beta}=1$.

$\boldsymbol{A\alpha}=(2\boldsymbol{\alpha\alpha}^{\mathrm{T}}+\boldsymbol{\beta\beta}^{\mathrm{T}})\boldsymbol{\alpha}=2\boldsymbol{\alpha\alpha}^{\mathrm{T}}\boldsymbol{\alpha}+\boldsymbol{\beta\beta}^{\mathrm{T}}\boldsymbol{\alpha}=2\boldsymbol{\alpha}$，由于$\boldsymbol{\alpha}\neq\boldsymbol{0}$，故 $\boldsymbol{A}$ 有特征值$\lambda_1=2$.

$\boldsymbol{A\beta}=(2\boldsymbol{\alpha\alpha}^{\mathrm{T}}+\boldsymbol{\beta\beta}^{\mathrm{T}})\boldsymbol{\beta}=\boldsymbol{\beta}$，由于$\boldsymbol{\beta}\neq\boldsymbol{0}$，故 $\boldsymbol{A}$ 有特征值$\lambda_2=1$.

$\mathrm{R}(\boldsymbol{A})=\mathrm{R}(2\boldsymbol{\alpha\alpha}^{\mathrm{T}}+\boldsymbol{\beta\beta}^{\mathrm{T}})\leqslant\mathrm{R}(2\boldsymbol{\alpha\alpha}^{\mathrm{T}})+\mathrm{R}(\boldsymbol{\beta\beta}^{\mathrm{T}})=\mathrm{R}(\boldsymbol{\alpha\alpha}^{\mathrm{T}})+\mathrm{R}(\boldsymbol{\beta\beta}^{\mathrm{T}})=1+1=2<3$.
所以$|\boldsymbol{A}|=0$，故$\lambda_3=0$.

因此，f 在正交变换下的标准形为 $2y_1^2+y_2^2$.

2. 设 $\boldsymbol{A}=\begin{pmatrix}1&1&\cdots&1\\1&1&\cdots&1\\\vdots&\vdots&&\vdots\\1&1&\cdots&1\end{pmatrix}$，$\boldsymbol{B}=\begin{pmatrix}0&\cdots&0&1\\0&\cdots&0&2\\\vdots&&\vdots&\vdots\\0&\cdots&0&n\end{pmatrix}$.

分别求两个矩阵的特征值和特征向量如下：

$$|\lambda\boldsymbol{E}-\boldsymbol{A}|=\begin{vmatrix}\lambda-1&-1&\cdots&-1\\-1&\lambda-1&\cdots&-1\\\vdots&\vdots&&\vdots\\-1&-1&\cdots&\lambda-1\end{vmatrix}=(\lambda-n)\lambda^{n-1},$$

所以 $\boldsymbol{A}$ 的 n 个特征值为$\lambda_1=n,\lambda_2=\lambda_3=\cdots=\lambda_n=0$；

而且 $\boldsymbol{A}$ 是实对称矩阵，所以一定可以对角化，且 $\boldsymbol{A}\sim\begin{pmatrix}n&&&\\&0&&\\&&\ddots&\\&&&0\end{pmatrix}$；

$$|\lambda\boldsymbol{E}-\boldsymbol{B}|=\begin{vmatrix}\lambda&0&\cdots&-1\\0&\lambda&\cdots&-2\\\vdots&\vdots&&\vdots\\0&0&\cdots&\lambda-n\end{vmatrix}=(\lambda-n)\lambda^{n-1},$$

所以 $\boldsymbol{B}$ 的 n 个特征值也为$\lambda_1=n,\lambda_2=\lambda_3=\cdots=\lambda_n=0$；

对于 $n-1$ 重特征值$\lambda=0$，由于矩阵$(0\boldsymbol{E}-\boldsymbol{B})=-\boldsymbol{B}$ 的秩显然为 1，所以矩阵 $\boldsymbol{B}$ 对应 $n-1$ 重特征值$\lambda=0$ 的特征向量应该有 $n-1$ 个线性无关，进一步矩阵 $\boldsymbol{B}$ 存在 n 个线性无关的特征向量，即矩阵 $\boldsymbol{B}$ 一定可以对角化，且 $\boldsymbol{B}\sim\begin{pmatrix}\lambda&&&\\&0&&\\&&\ddots&\\&&&0\end{pmatrix}$.

从而可知 n 阶矩阵$\begin{pmatrix}1&1&\cdots&1\\1&1&\cdots&1\\\vdots&\vdots&&\vdots\\1&1&\cdots&1\end{pmatrix}$与$\begin{pmatrix}0&\cdots&0&1\\0&\cdots&0&2\\\vdots&&\vdots&\vdots\\0&\cdots&0&n\end{pmatrix}$相似.

3. (Ⅰ) $(\boldsymbol{\beta}_1,\boldsymbol{\beta}_2,\boldsymbol{\beta}_3)=(2\boldsymbol{\alpha}_1+2k\boldsymbol{\alpha}_3,2\boldsymbol{\alpha}_2,\boldsymbol{\alpha}_1+(k+1)\boldsymbol{\alpha}_3)=(\boldsymbol{\alpha}_1,\boldsymbol{\alpha}_2,\boldsymbol{\alpha}_3)\begin{pmatrix}2&0&1\\0&2&0\\2k&0&k+1\end{pmatrix}$.

因为 $\begin{vmatrix} 2 & 0 & 1 \\ 0 & 2 & 0 \\ 2k & 0 & k+1 \end{vmatrix} = 2\begin{vmatrix} 2 & 1 \\ 2k & k+1 \end{vmatrix} = 4 \neq 0$，故$\boldsymbol{\beta}_1,\boldsymbol{\beta}_2,\boldsymbol{\beta}_3$ 为 $\mathbb{R}^3$ 的一个基.

(Ⅱ) 由题意知，$\boldsymbol{\xi} = k_1\boldsymbol{\beta}_1 + k_2\boldsymbol{\beta}_2 + k_3\boldsymbol{\beta}_3 = k_1\boldsymbol{\alpha}_1 + k_2\boldsymbol{\alpha}_2 + k_3\boldsymbol{\alpha}_3$，$\boldsymbol{\xi} \neq \mathbf{0}$，即

$$k_1(\boldsymbol{\beta}_1 - \boldsymbol{\alpha}_1) + k_2(\boldsymbol{\beta}_2 - \boldsymbol{\alpha}_2) + k_3(\boldsymbol{\beta}_3 - \boldsymbol{\alpha}_3) = \mathbf{0}, k_i \neq 0, i = 1,2,3.$$

代入得 $k_1(2\boldsymbol{\alpha}_1 + 2k\boldsymbol{\alpha}_3 - \boldsymbol{\alpha}_1) + k_2(2\boldsymbol{\alpha}_2 - \boldsymbol{\alpha}_2) + k_3(\boldsymbol{\alpha}_1 + (k+1)\boldsymbol{\alpha}_3 - \boldsymbol{\alpha}_3) = 0$，

即 $k_1(\boldsymbol{\alpha}_1 + 2k\boldsymbol{\alpha}_3) + k_2\boldsymbol{\alpha}_2 + k_3(\boldsymbol{\alpha}_1 + k\boldsymbol{\alpha}_3) = \mathbf{0}$ 有非零解，因此 $|\boldsymbol{\alpha}_1 + 2k\boldsymbol{\alpha}_3, \boldsymbol{\alpha}_2, \boldsymbol{\alpha}_1 + k\boldsymbol{\alpha}_3| = 0$，即

$\begin{vmatrix} 1 & 0 & 1 \\ 0 & 1 & 0 \\ 2k & 0 & k \end{vmatrix} = 0$，得 $k = 0$. 这时 $k_1\boldsymbol{\alpha}_1 + k_2\boldsymbol{\alpha}_2 + k_3\boldsymbol{\alpha}_1 = \mathbf{0}$，故 $k_2 = 0, k_1 + k_3 = 0$. 从而得 $\boldsymbol{\xi} = k_1\boldsymbol{\alpha}_1 - k_1\boldsymbol{\alpha}_3, k_1 \neq 0$.